普通高等教育"十一五"国家级规划教材

高 等 学 校 教 材

现代工程
设计制图

（第4版）

王启美 吕强 主编

丁杰雄 主审

人民邮电出版社

北 京

图书在版编目（ＣＩＰ）数据

现代工程设计制图 / 王启美，吕强主编. —— 4版
. —— 北京：人民邮电出版社，2010.9（2014.8 重印）
高等学校教材
ISBN 978-7-115-23453-7

Ⅰ．①现… Ⅱ．①王… ②吕… Ⅲ．①工程制图—高
等学校—教材 Ⅳ．①TB23

中国版本图书馆CIP数据核字(2010)第135479号

内 容 提 要

本书是普通高等教育"十一五"国家级规划教材，本修订版为适应工程图学教学改革的需要，在总结了多年教学经验和成果的基础上编写而成。与本书配套使用的《现代工程设计制图习题集（第4版）》也由人民邮电出版社同时出版，可供选用。

本书主要介绍制图基本知识、正投影法基础、立体的投影、立体表面的交线、轴测图、组合体、机件形状的常用表达方法、标准件和常用件、零件图、装配图、展开图、焊接图、电气制图、计算机绘图（AutoCAD）等内容。

本书可作为高等工科院校各专业的教材，也可作为成人高校、高等职业教育教材及有关工程技术人员参考。

普通高等教育"十一五"国家级规划教材
高等学校教材

现代工程设计制图（第4版）

♦ 主　　编　王启美　吕　强
　　主　　审　丁杰雄
　　责任编辑　李育民
♦ 人民邮电出版社出版发行　　北京市丰台区成寿寺路11号
　　邮编 100164　　电子邮件 315@ptpress.com.cn
　　网址　http://www.ptpress.com.cn
　　三河市海波印务有限公司印刷
♦ 开本：787×1092　1/16
　　印张：19.5　　　　　　　　2010 年 9 月第 4 版
　　字数：477 千字　　　　　　2014 年 8 月河北第 9 次印刷

ISBN 978-7-115-23453-7

定价：34.00 元
读者服务热线：(010)81055256　印装质量热线：(010)81055316
反盗版热线：(010)81055315

　　本书是普通高等教育"十一五"国家级规划教材，本修订版结合我们多年的教学改革的成果和经验，根据教育部工程图学教学指导委员会制订的《普通高等院校工程图学课程教学基本要求》，在前3版的基础上修订而成。

　　"现代工程设计制图"是一门技术基础课，它是在传统的"工程制图"课程体系的基础上，对教学内容、教学方法等方面进行了改革和创新，融入了学科中许多新的内容。本着加强基础理论、基本技能，培养创造型人才的需要，构建了一个宽口径的图形表达和图形思维的平台，其内容更突出实用性、先进性。修订教材具有以下特点。

　　1．以培养学生读图和绘图能力为重点，加强学生的工程素质教育，将学生的徒手绘图、尺规绘图和计算机绘图能力的培养有机结合起来，以适应社会对人才的多种需求。

　　2．本书在编写时考虑到学科的系统性及参考方便，内容有适当的裕量，教学中可根据不同专业，不同学时数进行取舍。

　　3．加强了组合体部分内容，增加了各种典型图例和详细分析，强化了三视图训练。

　　4．电气制图部分介绍了相关的基本知识和几种电气图的读图和绘制方法。

　　5．为便于教学和学生查阅，计算机绘图部分内容以单独章节编写，介绍了当今最为流行的 AutoCAD 绘图软件，使学生学会用计算机绘制各类工程图样，为今后的学习打下基础。

　　6．教材中的标题及一些图学方面的专业术语给出了英汉对照。

　　7．全书采用了最新国家标准如：《技术制图》、《机械制图》及《电气制图》等其他一些近期颁布的新标准。

　　8．为了方便教师教学和与作者交流，本书作者可向使用该教材的教学单位免费提供教学课件、习题解答软件及相关的教学资料，联系方式 qimei_wang@163.com。该课件采用了大量的动画演示，形象生动，符合教学规律，为教师采用现代教育方法提供方便，为培养学生获取知识的能力，巩固和加深对教学内容的理解发挥作用。

　　9．与本书配套使用的《现代工程设计制图习题集（第4版）》也由人民邮电出版社同时出版，可供选用。

　　本书的第1章、第3章、第5章、第6章由陈永忠编写；前言、绪论、第2章、第4章、第7章、第8章、第12章、附录（1～5）由王启美编写；第9章、第10章、第11章由秦光旭编写；第13章、第14章、附录6由吕强编写。本书由王启美、吕强主编，由丁杰雄主审。本书在编写过程中，得到了张军、徐俊的支持和帮助，在此表示衷心的感谢。

本书在编写和修订过程中参考了一些同类著作，在此向有关作者致敬。

由于编者水平有限，错误和缺点在所难免，敬请读者批评指正。

编　者

2010 年 8 月

目　录

1. 本课程的研究对象 （Subject of This Course）

本课程的主要内容是研究用投影法绘制和阅读工程图样的基本理论和方法。

图形和文字一样，是承载信息、进行交流的重要媒体。以图形为主的工程图样是产品信息的定义、表达和传递的主要媒介，是工程设计、制造和施工过程中的重要技术文件，在工程上得到了广泛的应用，因此工程图样被称为"工程界的共同语言"，是用来表达设计思想，进行技术交流的重要工具，广泛用于机械、电气、化工和建筑等领域。

2. 本课程的性质和任务 （Tasks of This Course）

本课程是工科院校学生必修的一门技术基础课，通过学习，培养学生的形象思维能力，空间想象能力，形体设计和图形表达能力，为后继课程的学习打下良好的基础，也是工程技术人员所应具备的基本素质。

本课程的主要任务如下。

（1）掌握正投影法的基本理论、方法及其应用，培养空间的想象能力及构型能力。

（2）培养绘制和阅读工程图样的基本能力。

（3）培养分析问题、解决问题的能力以及创造性思维能力。

（4）掌握计算机绘图的基本知识和技能，培养计算机绘图、仪器绘图、徒手绘图的能力。

（5）培养严谨细致的工作作风和认真负责的工作态度。

3. 本课程学习方法 （General Learning Methods）

本课程的学习方法主要有以下 5 点。

（1）理论联系实践，掌握正确的方法和技能。本课程是一门既有系统理论又有很强实践性的基础课，在掌握基本概念和理论的基础上必须通过做习题来掌握正确的读图、绘图的方法和步骤，提高绘图技能。

（2）树立标准化意识，学习和遵守有关制图的国家标准。每个学习者必须从开始学习本课程时就树立标准化意识，认真学习并遵守有关制图的国家标准，保证自己所绘图样的正确性和规范化。

（3）培养空间想象能力。在学习过程中必须随时进行空间想象和空间思维，并与投影分析和作图过程紧密结合；注意抽象概念的形象化，随时进行"物体"与"图形"的相互转化训练，以利于提高空间思维能力和空间想象能力。

（4）绘图方法与绘图理论紧密结合。在学习过程中，将尺规绘图、计算机绘图、徒手绘图等各种技能与投影理论、图样绘制密切结合，培养创新能力。

（5）培养和提高工程人员必备的基本素质。由于图样是加工、制造的依据，图纸上任何细小的错误都会给生产带来损失，因此在学习过程中应注意培养认真、负责的工作态度和严谨细致的工作作风。

第 1 章 制图的基本知识
(Basic Knowledge of Engineering Drawings)

工程图样是工程技术人员表达设计思想、进行技术交流的工具，是设计和制造过程中的重要技术文件，是工程界的一种共同语言。本章对国家标准《技术制图》和《机械制图》有关规定、绘图工具使用、绘图方法与步骤、基本几何作图和徒手绘图技能等进行简要介绍。

1.1 国家标准《技术制图》和《机械制图》的有关规定（Rules Involved in National Standard of Technical Drawing and Mechanical Drawing）

国家标准简称"国标"，用代号"GB"表示，例如 GB/T 14689—2000，其中 T 为推荐性标准，后跟一串数字，如 14689 为该标准的编号，2000 表示发布年份。

1.1.1 图纸幅面和标题栏（Formats and Title Block）

1. 图纸幅面（Formats）

绘制图样时，应优先采用 GB/T 14689—2000 规定的 5 种基本幅面，如表 1-1 所示，必要时，可按国家标准规定加长幅面，加长幅面的尺寸是由基本幅面的短边以整数倍增加后得出的。

表 1-1　　　　　　　　　　　　　　　　图纸幅面及边框尺寸　　　　　　　　　　　　　　单位：mm

幅 面 代 号	A_0	A_1	A_2	A_3	A_4
$B \times L$	841×1 189	594×841	420×594	297×420	210×297
a	25				
c	10			5	
e	20		10		

2. 图框格式（Border）

在图纸上必须用粗实线画出图框，其格式分为不留装订边和留有装订边两种，但同一产品的图样只能采用一种格式。留有装订边的图纸，其图框格式如图 1-1 所示；不留装订边的图纸，其图框格式如图 1-2 所示。为了在图样复制和缩微摄影时定位方便，可采用对中符号，对中符号用粗实线绘制，线宽不小于 0.5mm，长度从纸边界开始至伸入图框内约 5mm，如图 1-2（a）所示。

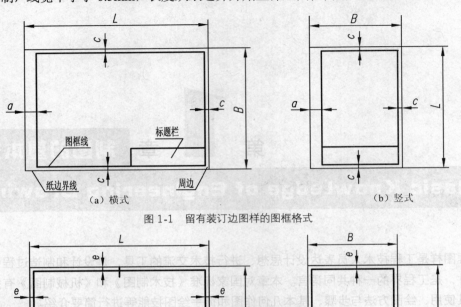

图 1-1 留有装订边图样的图框格式

图 1-2 不留装订边图样的图框格式

3．标题栏（Title Block）

每张图纸的右下角必须画出标题栏，标题栏的格式由 GB10609·1—2000 规定，如图 1-3 所示。在学校的制图作业中，标题栏可以简化，建议采用图 1-4 所示的格式。

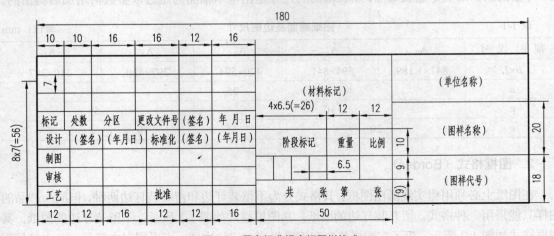

图 1-3 国家标准规定标题栏格式

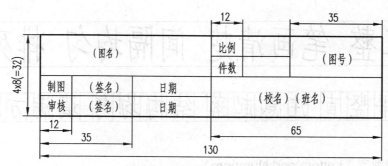

图 1-4 学校用标题栏格式

1.1.2 比例（Scale）

国家标准（GB/T 14690—2000）规定的比例如表 1-2 所示。

表 1-2   规定的比例

原值比例	1:1							
放大比例	2:1 $1\times10^n:1$	(2.5:1) $2\times10^n:1$	4:1 $(2.5\times10^n:1)$	5:1 $(4\times10^n:1)$	$5\times10^n:1$			
缩小比例	(1:1.5) $1:1.5\times10^n$	1:2 $1:2\times10^n$	(1:2.5) $(1:2.5\times10^n)$	(1:3) $(1:3\times10^n)$	(1:4) $(1:4\times10^n)$	1:5 $(1:5\times10^n)$	(1:6) $1:6\times10^n$	1:10 $1:10^n$

注：n 为正整数，优先选择没有括弧的比例。

图中图形与其实物相应要素的线性尺寸之比称为比例。

原值比例：比值为 1 的比例，即 1:1。

放大比例：比值大于 1 的比例，如 2:1 等。

缩小比例：比值小于 1 的比例，如 1:2 等。

图样不论放大或缩小，在标注尺寸时，应按机件的实际尺寸标注。每张图样上均应在标题栏的"比例"一栏填写比例，如"1:1"或"1:2"等。

为看图方便，绘制图样时，应尽可能按机件的实际大小（1:1）画出，如机件太大或太小可采用缩小或放大的比例画图。绘制同一机件的各个视图时应尽量采用相同的比例，当某个视图需要采用不同比例时，必须另外标注。

1.1.3 字体（Lettering）

国家标准（GB/T 14691—2000）规定图样中书写的字体必须做到：字体工整、笔画清楚、间隔均匀、排列整齐。字体的号数，即字体的高度 h（单位：mm）分为 20、14、10、7、5、3.5、2.5 和 1.8 共 8 种。

1. 汉字（Chinese Characters）

图样上的汉字应写成长仿宋体，并采用国家正式公布推行的简化汉字。汉字的高度不应小于 3.5mm，其字宽一般为 $h/\sqrt{2}$。图 1-5 所示为汉字示例。

10号字

字体工整 笔画清楚 间隔均匀 排列整齐

7号字

横平竖直 注意起落 结构均匀 填满方格

图1-5 汉字示例

2. 字母和数字（Letters and Numbers）

字母和数字分 A 型和 B 型。A 型字体的笔画宽度（d）为字高（h）的 1/14，B 型字体的笔画宽度（d）为字高（h）的 1/10。在同一张图样上，只允许选用一种形式的字体。

字母和数字可写成直体或斜体。斜体字字头向右倾斜，与水平基准线成 75°。图 1-6 所示为字母和数字应用示例。

字母大写斜体示例 *ABCDEFGHIJKLMN OPQRSTUVWXYZ*

字母小写斜体示例 *abcdefghijklmn opqrstuvwxyz*

数字斜体示例 *1234567890*

图1-6 字母和数字应用示例

1.1.4 图线（Lines）

1. 图线的形式及应用（Line Type and Its Applications）

GB/T 4457.4—2002 规定了图样中常用的图线名称、线型、宽度及其应用，如表 1-3 所示。

表 1-3 图　线

图线名称	图线线型	图线宽度	应用举例
粗实线	——————	d（0.5～2mm）	可见轮廓线、可见棱边线
细实线	——————	$d/2$	尺寸线、尺寸界线、剖面线、重合断面轮廓线、螺纹的牙底线、引出线
虚线	– – – – –	$d/2$	不可见轮廓线、不可见棱边线
细点画线	— · — · —	$d/2$	轴线、轨迹线、对称中心线
波浪线	～～～	$d/2$	断裂处的边界线、视图与剖视的分界线
双点画线	— ·· — ·· —	$d/2$	相邻辅助零件的轮廓线、极限位置的轮廓线
粗点画线	— · — · —	d	限定范围表示线
双折线	—/\/—	$d/2$	断裂处的边界线

如图 1-7 所示为各种图线的应用示例。

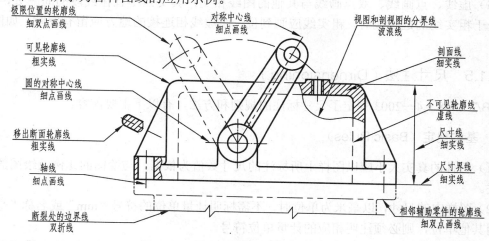

图 1-7　图线应用示例

2．线宽（Line Weight）

机械图样中的图线分粗线和细线两种。粗线宽度（d）应根据图形的大小和复杂程度在 0.5～2mm 内选择，细线的宽度约为 $d/2$。图线宽度的推荐系列为：0.13mm、0.18mm、0.25mm、0.35mm、0.5mm、0.7mm、1mm、1.4mm 和 2mm。应用中一般粗线取 0.5mm，细线取 0.25mm。

3．图线画法注意要点（Remarkable Points for Drawing Lines）

（1）同一图样中，同类图线的宽度应基本一致。

（2）虚线、点画线及双点画线的线段长度和间隔应各自大小相等。

（3）两条平行线（包括剖面线）之间的距离应不小于粗实线宽度的两倍，其最小距离不得小于 0.7mm。

（4）绘制圆的中心线时，圆心应为线段的交点，且中心线应超出圆周 2～3mm，点画线和双点画线的首末两端应是线段而不是短画。当图形较小，绘制点画线或双点画线有困难时，可用细实线代替，如图 1-8 所示。

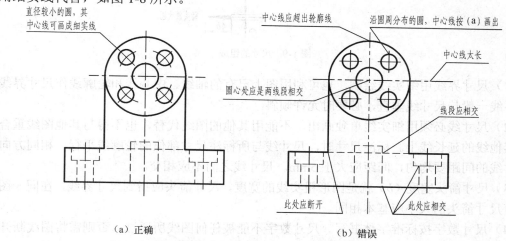

（a）正确　　　　（b）错误

图 1-8　点画线、虚线的画法

（5）虚线、点画线、双点画线与其他的图线相交，其交点不宜在线段的间隔处，但当虚线处于粗实线的延长线时，粗实线应画到位，而虚线相连接的地方应留有空隙，如图1-8所示。

1.1.5 尺寸注法（Dimensioning）

GB/T 4458·4—2003 规定了尺寸标注的规则和方法，有以下主要内容。

1. 基本规定（Basic Rules）

（1）机件的真实大小应以图样上所标注的尺寸数值为依据，与绘图的比例及绘图的准确度无关。

（2）图样中的尺寸，以毫米为单位时，不需标明计量单位的符号"mm"或名称"毫米"，如采用其他单位，则必须注明相应的计量单位符号。

（3）机件的每一尺寸，在图样上一般只标注一次，并应标注在反映该结构最清晰的图形上。

（4）图样上所注尺寸是该机件最后完工时的尺寸，否则应另加说明。

2. 尺寸要素（Composing of Dimension）

一个完整的尺寸应由尺寸界线、尺寸线、尺寸箭头及尺寸数字所组成，如图1-9所示。

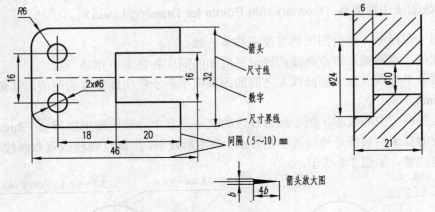

图 1-9 尺寸的组成

（1）尺寸界线用细实线绘制，也可利用图上已有的轴线、中心线和轮廓线作尺寸界线。尺寸界线一般与尺寸线垂直，必要时允许倾斜。

（2）尺寸线必须用细实线单独画出，不能用其他的图线代替，也不得与其他图线重合或画在其他线的延长线上。标注尺寸时，尺寸线与所标注尺寸部位的轮廓线平行，相同方向的各尺寸线的间距要均匀，间距应大于5mm。尺寸线之间不应相交。

（3）尺寸箭头宽度（b）就是图形粗实线的宽度，尺寸箭头应指到尺寸界线，在同一图纸上所有尺寸箭头的大小应基本相同。

（4）尺寸数字按标准字体书写。尺寸数字不能被任何图线所通过，否则需将图线断开。

表1-4列出了国家标准（GB/T 4458.4—2003）所规定的一些常用的尺寸标注法。

表 1-4   常用的尺寸标注法

标注内容	图 例	说 明
线性尺寸的数字方向	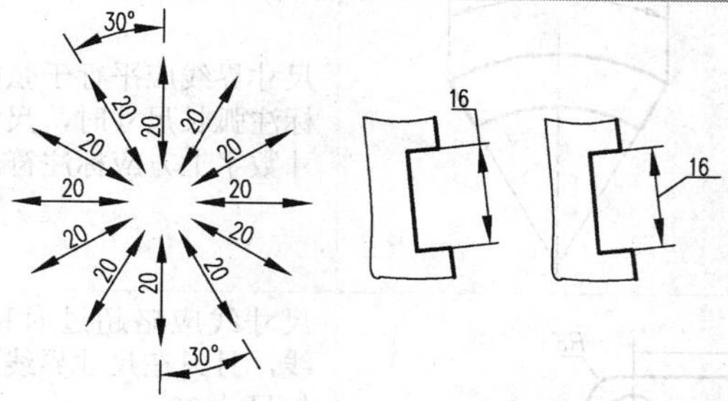	尺寸数字应按左图中的方向填写，并尽量避免在 30° 范围内标注尺寸；当无法避免时，可按右图所示的方法标注
角度	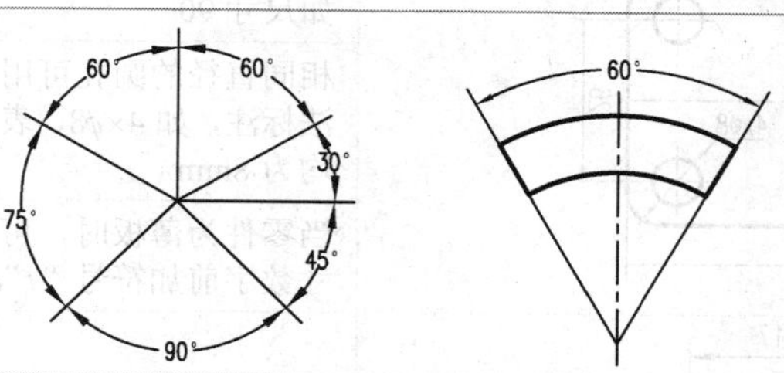	尺寸界线应沿径向引出，尺寸线应画成圆弧，圆心是角的顶点，尺寸数字一般应水平写在尺寸线的中断处，必要时也可写在上方或外面，或引出标注
圆和圆弧	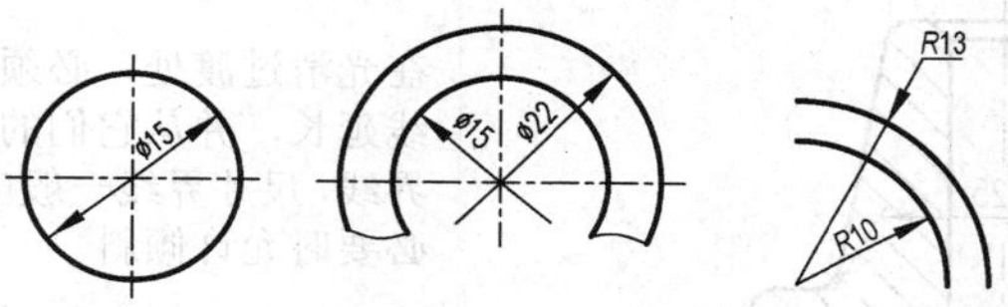	在标注整圆或大于半圆的圆弧时，在直径的尺寸数字前，应加符号"ϕ"；在标注半圆或小于半圆的圆弧时，半径的尺寸数字前，应加符号"R"；尺寸线按图例绘制
大圆弧	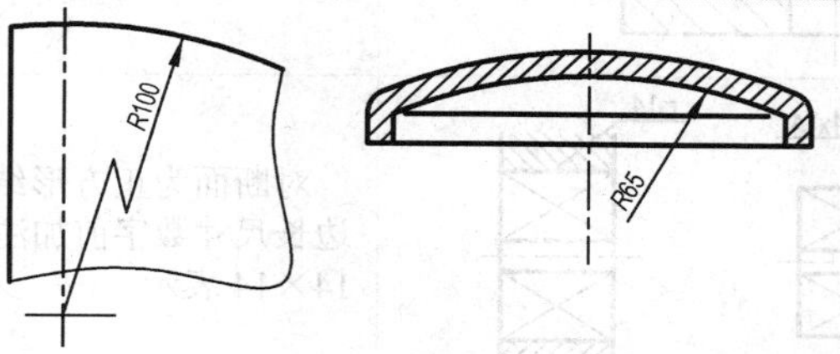	无法标出圆心位置时，可按左图标注；不需标出圆心位置时，可按右图标注
小尺寸和小圆弧	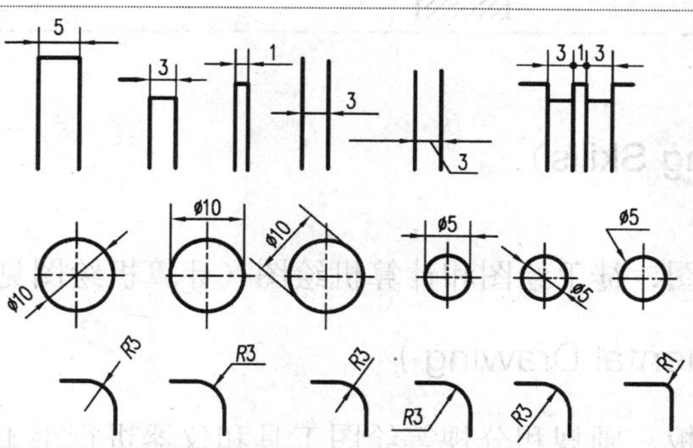	当尺寸标注没有足够位置时，箭头可画在外面，或用小圆点代替两个箭头；尺寸数字也可写在外面或引出标注
球面	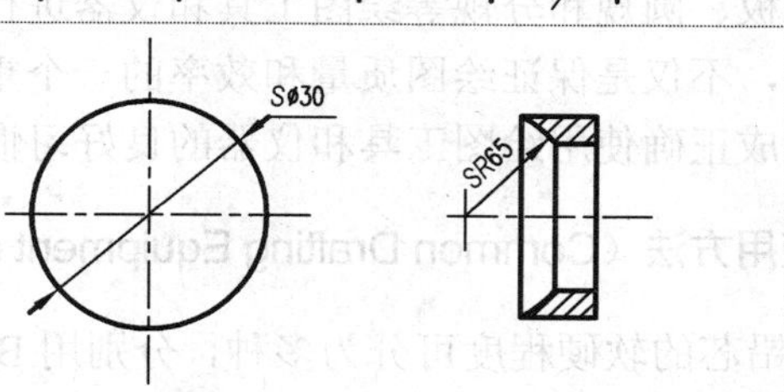	标注球面尺寸时，在 ϕ 或 R 前加注符号"S"

续表

标注内容	图　　例	说　　明
弦长和弧长	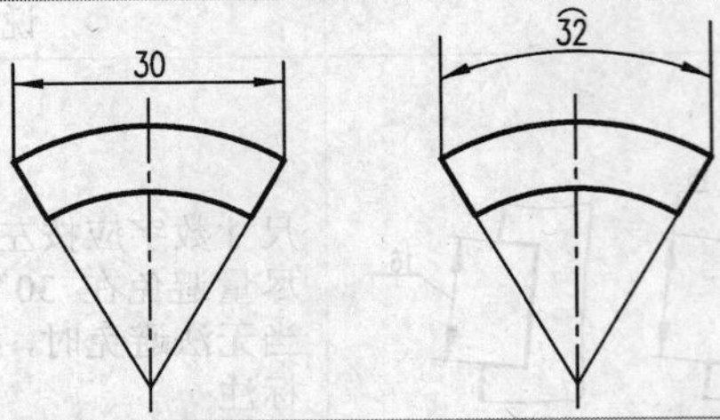	尺寸界线应平行于弦的垂直平分线；标注弧长尺寸时，尺寸线用圆弧，尺寸数字上方应标注符号"⌒"
对称机件只画出一半或大于一半时	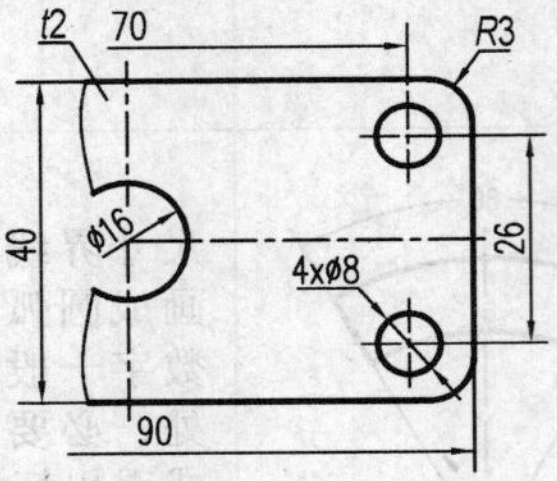	尺寸线应略超过对称中心线或断裂线，且只在尺寸界线一端画出箭头，如尺寸 90
		相同直径的圆孔可用如左图所示的方法标注，如 4×ϕ8，表示 4 个孔的直径均为 8mm
当零件为薄板时		当零件为薄板时，可在表示厚度的尺寸数字前加符号"t"，如板厚 t2
光滑过渡处	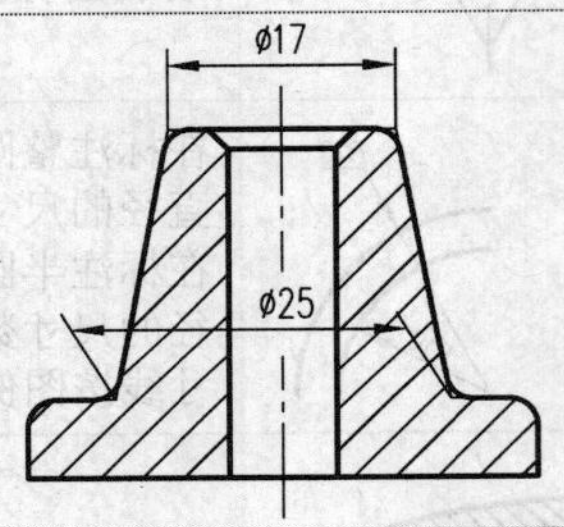	在光滑过渡处，必须用细实线将轮廓线延长，并从它们的交点处引出尺寸界线，尺寸界线一般应垂直于尺寸线，必要时允许倾斜
断面的正方形结构	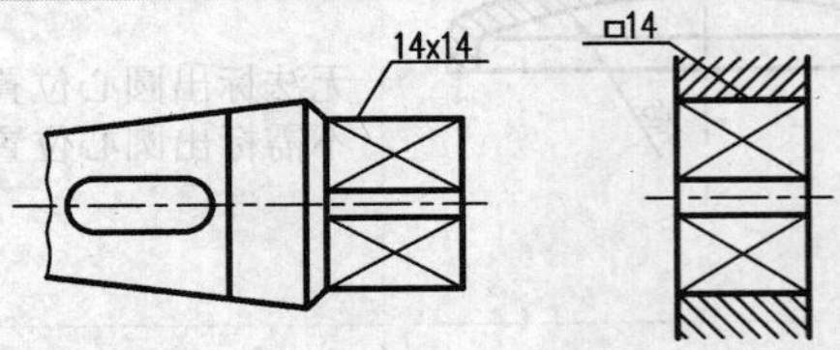	对断面为正方形结构，可在正方形边长尺寸数字前加注符号"□"，或用 14×14 表示

1.2　制图方法与技能（Drawing Skills）

绘制图样有 3 种方法：尺规绘图、徒手绘图和计算机绘图（计算机绘图见第 14 章）。

1.2.1　尺规绘图（Instrumental Drawing）

尺规绘图是借助丁字尺、三角板、圆规和分规等绘图工具和仪器进行手工操作的一种绘图方法。正确使用绘图工具和仪器，不仅是保证绘图质量和效率的一个重要方面，还能为计算机绘图奠定基础。为此，必须养成正确使用绘图工具和仪器的良好习惯。

1. 常用的绘图工具及仪器的使用方法（Common Drafting Equipment and Operation）

（1）铅笔（Pencil）。铅笔根据铅芯的软硬程度可分为多种，分别用 B 和 H 表示其软、硬程度，绘图时具体使用哪种，建议如下。

- 用 B 或 2B 型铅笔画粗实线。
- 用 HB 或 H 型铅笔画虚线、写字和画箭头。
- 用 H 型铅笔画细线、底稿线。

铅笔的铅芯削法有锥形和楔形两种，如图 1-10 所示。楔形适用于加深粗实线。

（2）图板、丁字尺和三角板（Drawing Board、T-square and Triangles）。图板用来固定图纸。图纸一般用胶带纸固定在图板的左下部，如图 1-11 所示。

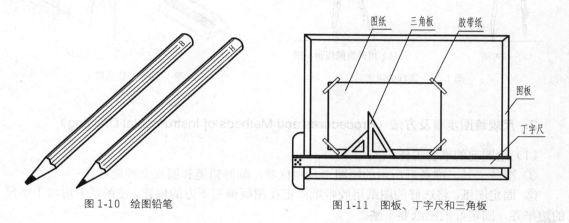

图 1-10 绘图铅笔　　　　　　　　图 1-11 图板、丁字尺和三角板

丁字尺由相互垂直的尺头和尺身组成，主要用来与图板配合画水平线，与三角板配合画垂直线及倾斜线。

一副三角板由 45°和 30°～60°各一块组成，用三角板与丁字尺配合使用，可画垂直线和 $n \times 15°$ 的各种倾斜线，如图 1-12 所示。

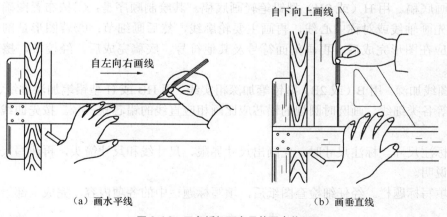

（a）画水平线　　　　　　　　　（b）画垂直线

图 1-12 三角板与丁字尺的配合使用

（3）圆规和分规（Compass and Dividers）。圆规是画圆的基本仪器，使用前应削磨好铅芯，并调整针脚比铅芯稍长，如图 1-13 所示，画圆时应使圆规顺时针旋转并稍向前倾斜。

分规是用来量取线段或分割线段的，分规的两针尖调整平齐，其用法如图 1-14 所示。

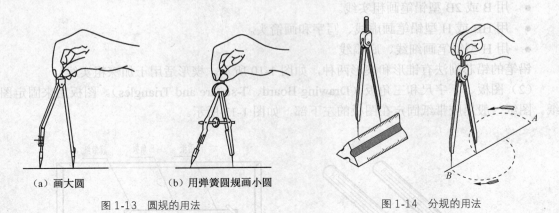

（a）画大圆　　　　　　　　（b）用弹簧圆规画小圆

图 1-13　圆规的用法　　　　　　　　　　　图 1-14　分规的用法

2．尺规绘图步骤及方法（Procedures and Methods of Instrumental Drawing）

（1）绘图前的准备工作。

① 准备工具。准备好所用的绘图工具和仪器，削好铅笔和圆规上的笔芯。

② 固定图纸。将选好的图纸用胶带纸固定在图板偏左下方的位置，使图纸下边与丁字尺的边平齐，固定好的图纸要平整。

（2）画图框及标题栏。按国家标准规定的幅面尺寸和标题栏位置，用细实线绘制图框和标题栏，待图纸完工后再对图框线加深、加粗。

（3）布置图形。根据机件预先选好的表达方案，按照国家标准规定的各视图的投影关系配置，留有标注尺寸、注写技术要求的余地，定出各个视图在图纸上的位置，使绘出的各个图形均匀地分布在图纸平面内。

（4）画底稿。用 H（或 2H）型铅笔轻画底稿。其绘制顺序是：①按布置图确定各图形的位置，先画轴线或对称中心线，再画主要轮廓线，然后画细节；②若图形是剖视图或断面图时，应在图形完成后，再画剖面符号及其他符号，底稿完成后，经校核，擦去多余的作图线。

（5）图线加深。用 B（或 2B）型铅笔加深粗实线，用 HB 或 H 型铅笔加深虚线、细实线、细点画线等各类细线。画圆时圆规的铅芯应比画相应直线的铅芯软一号。按先曲线后直线的顺序加深。

（6）标注尺寸。标注尺寸时，先画出尺寸界限、尺寸线和尺寸箭头，再注写尺寸数字和其他文字说明。

（7）填写标题栏。经仔细检查图纸后，填写标题栏中的各项内容，完成全部绘图工作。

1.2.2　徒手绘图（Freehand Drawing）

1．概述（Overview）

徒手绘图是不借助仪器，仅用铅笔以徒手、目测的方法手工绘制，徒手绘制的图样称为草图。草图绘制迅速、简便，常用于创意设计、设计方案讨论、测绘机件和技术交流中，是工程技术人员必须具备的一项基本技能。

徒手绘制草图仍应基本做到：图形正确、线型分明、比例均匀、字体工整和图面整洁。画草图一般用 HB 铅笔，常在网格纸上画图，网格纸不要求固定在图板上，为了作图方便可任意转动或移动。

2．草图的绘图方法（Skills of Sketching）

一个物体的图形无论怎样复杂总是由直线、圆、圆弧和曲线所组成，因此，要画好草图必须掌握徒手画各种线条的方法，并经过反复训练，才能提高。

（1）直线（Straight Lines）。画直线时，眼睛看着图线的终点，画短线常用手腕运笔，画长线则以手臂动作，且肘部不宜接触纸面，否则不易画直。画较长的线时，也可以用目测在直线中间定出几个点，然后分段画。水平直线应自左向右画，铅垂线由上向下画，如图 1-15 所示。

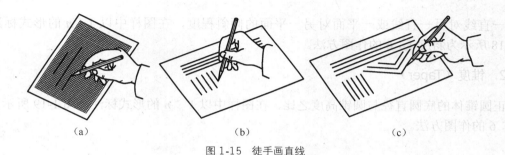

（a）　　　　　　　　　（b）　　　　　　　　　（c）

图 1-15　徒手画直线

（2）圆（Circles）。画圆时，先徒手作两条互相垂直的中心线，定出圆心，再根据圆的大小，用目测估计半径大小，在中心线上截得 4 点，然后徒手将各点连接成圆，如图 1-16（a）所示。当所画的圆较大时，可过圆心多作几条不同方向的直径线，在中心线和这些直径线上按目测定出若干点后，再徒手连成圆，如图 1-16（b）所示。

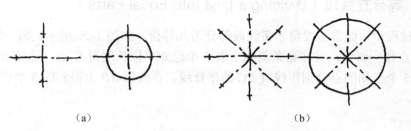

（a）　　　　　　　　　　　　　　　（b）

图 1-16　徒手画圆

（3）椭圆（Ellipses）。根据椭圆的长短轴，目测定出其端点位置，过 4 个端点画一矩形，徒手作椭圆与此矩形相切，如图 1-17（a）所示；也可利用外接菱形画 4 段圆弧构成椭圆，如图 1-17（b）所示。

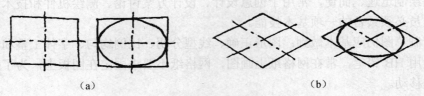

图 1-17　徒手画椭圆

1.3　几何作图（Geometric Constrution）

在制图中，经常会遇到各种几何图形的作图问题，下面介绍几种最基本的几何作图方法。

1.3.1　斜度和锥度（Slope and Taper）

1. 斜度（Slope）

一直线对另一直线或一平面对另一平面的倾斜程度，在图样中以 $1:n$ 的形式标注。图 1-18 所示为斜度 $1:6$ 的作图方法。

2. 锥度（Taper）

正圆锥体的底圆直径与圆锥高度之比，在图样中以 $1:n$ 的形式标注。图 1-19 所示为锥度 $1:6$ 的作图方法。

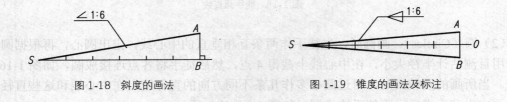

图 1-18　斜度的画法　　　　图 1-19　锥度的画法及标注

1.3.2　等分直线段（Dividing a Line into Equal Parts）

在作图过程中，经常需要将一条线段等分为几等份。如图 1-20 所示，将一线段 AB 五等分，可由 A 点作一斜线，并在这条斜线上取 5 个已知单位长度得 C 点，连接 B 点和 C 点。通过斜线上 5 个已知的点分别作线段 BC 的平行线，在线段 AB 上得到的 5 个点即为线段 AB 的五等分点。

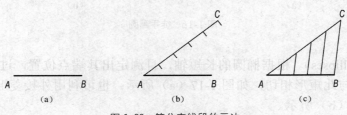

图 1-20　等分直线段的画法

1.3.3　正多边形（Regular Polygons）

利用正多边形的外接圆，配合圆规和三角板的使用，可以将圆周进行等分，下面介绍常用正多边形和正 n 边形的作图方法。

1．正三角形、正方形、正五边形和正六边形（Regular Triangle，Square，Regular Pentagon and Regular Hexagon）

利用正多边形的外接圆，配合圆规和三角板的使用，可以作出正三角形、正方形、正五边形和正六边形等，如图 1-21 所示。正五边形和正六边形的画法简述如下。

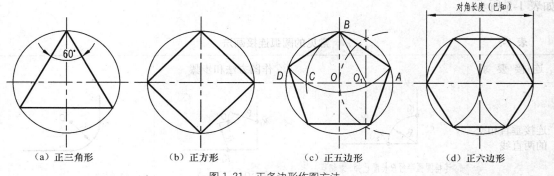

（a）正三角形　　（b）正方形　　（c）正五边形　　（d）正六边形

图 1-21　正多边形作图方法

（1）内接正五边形。先在半径 OA 上作出中点 O_1，以 O_1 为圆心，O_1B 为半径作弧交中心线于 C 点，以 BC 为弦长将圆周分成 5 份，连接各端点即成正五边形，如图 1-21（c）所示。

（2）内接正六边形。先以已知对角长度为直径作圆，再以半径为弦长等分圆周 6 份，连接各端点即成正六边形，如图 1-21（d）所示。

2．其他正多边形（Other Regular Polygons）

其他正多边形（大于或等于七边形）的作图方法可参照图 1-22 所示。正七边形的作图方法、步骤如下。

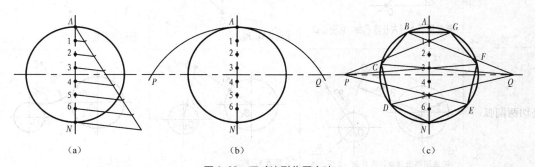

（a）　　　　　　（b）　　　　　　（c）

图 1-22　正多边形作图方法

（1）画外接圆，如图 1-22（a）所示，将外接圆的垂直直径 *AN* 等分为 7 等份，并标出序号 1、2、3、4、5、6、*N*。

（2）以 *N* 点为圆心，以 *NA* 为半径画弧，与水平中心线交于 *P*、*Q* 两点，如图 1-22（b）所示。

（3）由 *P* 和 *Q* 点作直线，分别与奇数（或偶数）分点连线并与外接圆相交，依次连接各顶点 *BCDNEFGB* 即为所求的正七边形，如图 1-22（c）所示。

1.3.4 圆弧连接（Joining Arcs）

画机件的轮廓形状时，常遇到用一已知半径的圆弧（称连接弧），光滑连接（即相切）已知直线或圆弧。为了保证相切，必须准确地作出连接弧的圆心和切点，常见的圆弧连接画法如表 1-5 所示。

表 1-5　　　　　　　　　　　　　常见的圆弧连接画法

连接要求	作图方法和步骤		
连接垂直相交的两直线	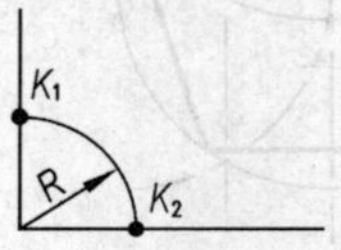 连接圆弧半径*R*长度已知，求切点 *K₁*、*K₂*	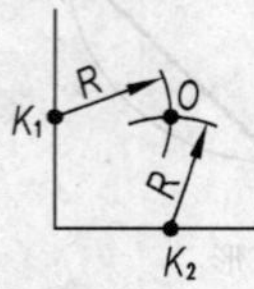 求圆心*O*	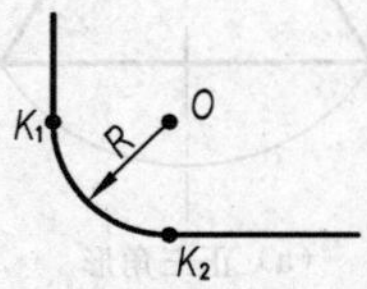 画连接圆弧
连接相交的两直线	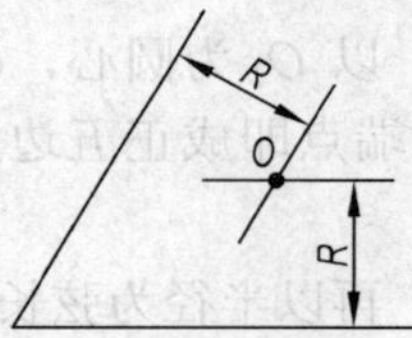 连接圆弧半径*R*长度已知，求圆心*O*	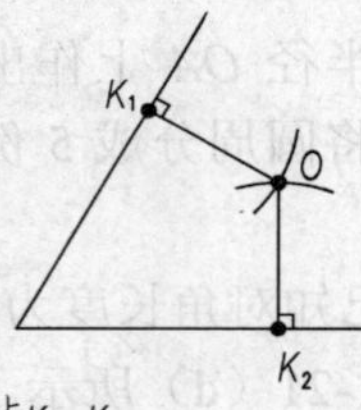 求切点*K₁*、*K₂*	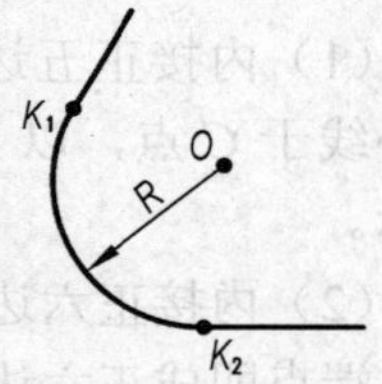 画连接圆弧
连接一直线和一圆弧	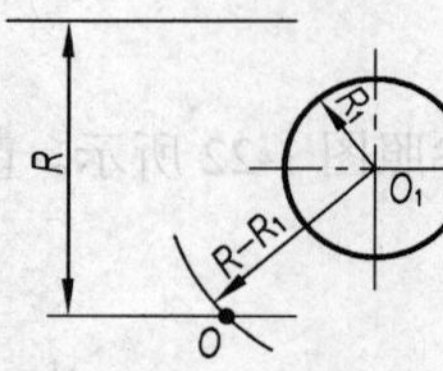 连接圆弧半径*R*长度已知，求圆心*O*	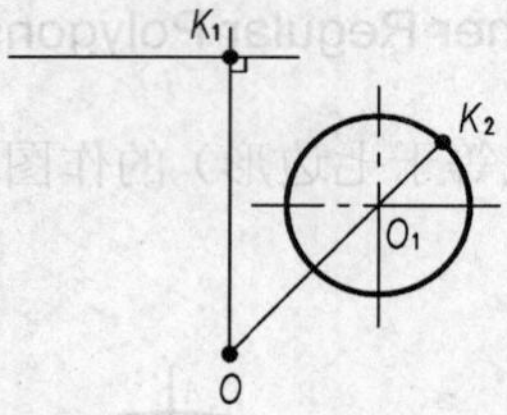 求切点*K₁*、*K₂*	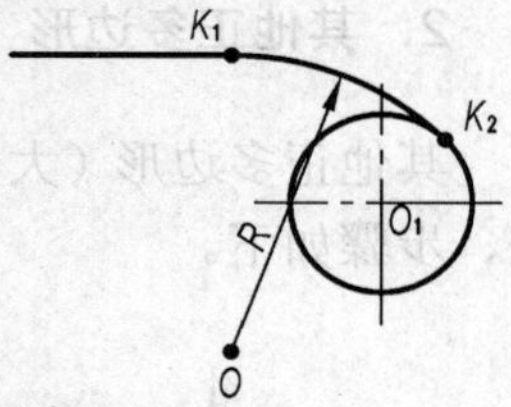 画连接圆弧
外切两圆弧	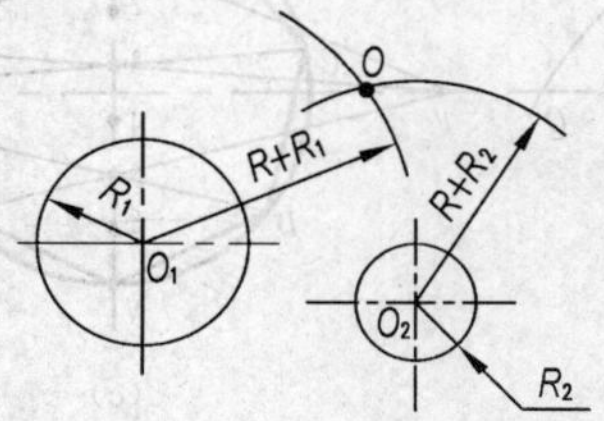 连接圆弧半径*R*长度已知，求圆心*O*	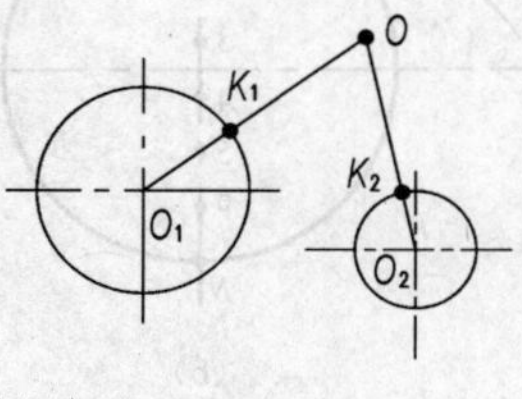 求切点*K₁*、*K₂*	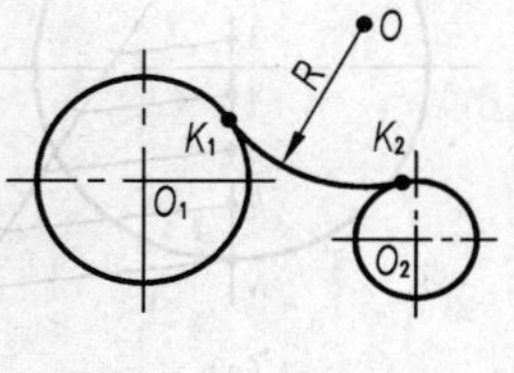 画连接圆弧

续表

连接要求	作图方法和步骤		
内切两圆弧	连接圆弧半径R长度已知，求圆心O	求切点K₁、K₂	画连接圆弧
外切圆弧和内切圆弧	连接圆弧半径R长度已知，求圆心O	求切点K₁、K₂	画连接圆弧

1.4　平面图形分析及尺寸标注（Analyzing and Dimensioning Plane Figures）

平面图形常由许多线段连接而成，这些线段之间的相对位置和连接关系，按给定的尺寸来确定，画图时，只有通过分析尺寸和线段间的关系，才能确定画图的步骤。

1.4.1　平面图形的尺寸分析（Dimension Analysis of Plane Figures）

尺寸按其在平面图形中所起的作用，可分为定形尺寸和定位尺寸两类。

1．基准（Dimensioning Datum）

基准是标注尺寸的起点。一般平面图形中常用做基准线的有：① 对称图形的对称线；② 较大圆的中心线；③ 较长的直线。

图 1-23 所示的手柄是以水平对称轴线和较长的铅垂线作为尺寸基准的。

2．定形尺寸（Shaping Dimension）

确定平面图形上各线段形状大小的尺寸称为定形尺寸，如直线的长度、圆及圆弧的直径或半径以及角度大小等。如图 1-23 的 $\phi19$、$\phi11$、$R5.5$、$R30$ 和 14 等都是定形尺寸。

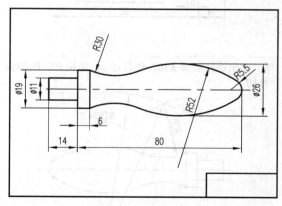

图 1-23　手柄

3．定位尺寸（Location Dimension）

确定平面图形上的线段或线框间相对位置的尺寸称为定位尺寸，图 1-23 确定 $R52$ 圆弧位

置的尺寸 $\phi26$ 和确定 $R5.5$ 位置的尺寸 80 均为定位尺寸。

1.4.2 平面图形的线段分析（Analysis of Lines for Plane Figures）

根据标注的尺寸是否齐全，平面图形中的线段（直线或圆弧）可分为以下 3 类。

1. 已知线段（Known Segments）

图中定形尺寸和定位尺寸都齐全的线段，称为已知线段，图 1-23 的 $\phi11$、$\phi19$、$R5.5$、14 等都是已知线段。

2. 中间线段（Intermediate Segments）

在平面图形中，具有定形尺寸而定位尺寸不全的线段称为中间线段，如图 1-23 的 $R52$，画图时应根据与相邻的圆弧 $R5.5$ 的连接关系画出。

3. 连接线段（Connection Segments）

在平面图形中，一般是只有定形尺寸，而无定位尺寸的线段，称为连接线段，如图 1-23 的 $R30$，画图时需根据它与相邻的两条线段的连接关系最后画出。

1.4.3 平面图形的作图步骤（Drafting Steps for Plane Figures）

下面以手柄为例，说明平面图形的作图步骤，如表 1-6 所示。

表 1-6　　　　　　　　　　　　　手柄的作图步骤

① 画出已知线段以及相距为 $\phi26$ 的范围线	② 画出中间圆弧 $R52$，使其与相距为 $\phi26$ 的两根范围线相切，并和 $R5.5$ 的圆弧内切
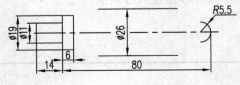	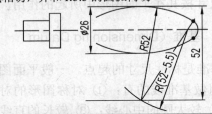
③ 画出连接圆弧 $R30$，使其过 a，并和 $R52$ 的圆弧外切	④ 擦去多余的作图线，按线型要求加深图线，完成全图
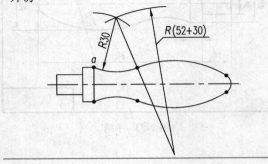	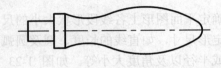

第2章 正投影法基础

(Basic Orthogonal Projection Method)

2.1 投影法的基本概念（Basic Concepts of Projection Method）

2.1.1 投影概念（Concepts of Projection）

物体在光线的照射下，会在墙面或地面上产生影子，这种现象叫做投影。投影法就是根据这种自然现象，经过科学的抽象而产生的。

如图 2-1 所示，点 S 称为投射中心，所设的平面 P 叫做投影面，点 S 与物体上任一点之间的连线（如 SA、SB、SC）称为投射线，延长 SA、SB、SC 与投影面 P 相交于 a、b、c 3 点，这 3 点分别称为空间点 A、B、C 在投影面 P 上的投影，$\triangle ABC$ 的投影即为 $\triangle abc$。这种使物体在平面上产生图像的方法，称为投影法。

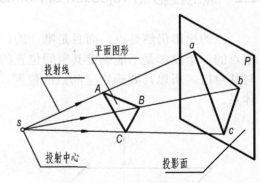

图 2-1 中心投影法

2.1.2 投影法种类（Types of Projection Methods）

常用的投影法有两大类：中心投影法和平行投影法。

1. 中心投影法（Central Projection Method）

如图 2-1 所示，投射线都从投射中心出发，在投影面上作出物体投影的方法，称为中心投影法。工程上常用中心投影法绘制建筑物的透视图，以及产品的效果图。

2. 平行投影法（Parallel Projection Method）

如图 2-2 所示，投射线互相平行的投影方法，称

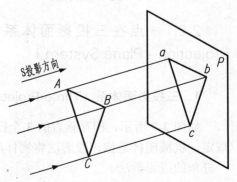

图 2-2 平行投影法

为平行投影法。用平行投影法得到的投影，称为平行投影。

在平行投影法中又分为以下两种。

（1）斜投影法：投射线倾斜于投影面的投影法，如图 2-3 所示。

（2）正投影法：投射线垂直于投影面的投影法，如图 2-4 所示。

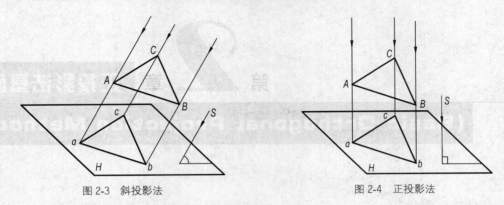

图 2-3　斜投影法　　　　　　　　图 2-4　正投影法

投影法主要研究的就是空间物体与投影面的关系，工程图样通常采用正投影法绘制。

2.2　点的投影（Projection of Points）

点的投影仍然是点，而且是唯一的。如图 2-5 中的点 A 在 H 平面上的投影为 a，但根据点的一个投影是不能确定其空间位置的，如图 2-6 中的投影 b 不能唯一确定空间一点 B 与其对应。所以，要确定空间点的位置，就应增加投影面，故需建立如下所述的三投影面体系。

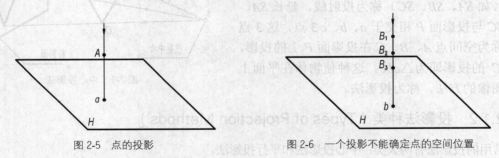

图 2-5　点的投影　　　　　　　　图 2-6　一个投影不能确定点的空间位置

2.2.1　点在三投影面体系中的投影（Projection of a Point in Three-Projection- Plane System）

1. 三投影面体系（Three-Projection-Plane System）

如图 2-7 所示，相互垂直的 3 个投影面将空间分成 8 个分角，根据国家标准《技术制图》规定，机械图样是按正投影法将物体放在第一分角进行投影所画的图形，因此本书仅讨论第一分角的投影画法。

如图 2-8 所示，三投影面体系由互相垂直的 3 个投影面，即正立投影面 V、水平投影面

H 和侧立投影面 W 组成。两投影面的交线叫投影轴，V 面与 H 面的交线为 OX 轴，H 面与 W 面的交线为 OY 轴，W 面与 V 面的交线为 OZ 轴。三投影轴的交点为原点 O，因此该三投影面体系可看做空间直角坐标系。

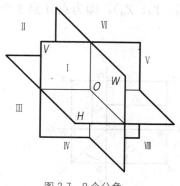

图 2-7　8 个分角

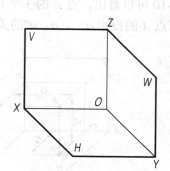

图 2-8　三投影面体系

2．点的三面投影（Projections of a Point in Three-Projection-Plane System）

如图 2-9（a）所示，在三投影面体系中，有一空间点 A，过点 A 分别向 V 面、H 面和 W 面作投射线，就得到点的正面投影 a'、水平投影 a、侧面投影 a''（关于空间点及其投影的标记规定为：空间点用大写字母 A、B、C…表示；H 面投影用相应的小写字母表示，如 a、b、c…；V 面投影用相应的小写字母加一撇表示，如 a'、b'、c'…；W 面投影用相应的小写字母加两撇表示，如 a''、b''、c''…）。

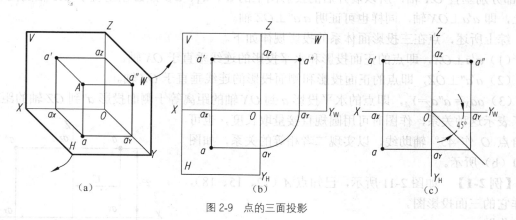

图 2-9　点的三面投影

3．投影面展开（Revolution of Projection Planes）

为了使点 A 的 3 个投影 a'、a、a'' 画在同一平面（图纸）上，规定 V 面不动，将 H 面绕 OX 轴向下旋转 90°，将 W 面绕 OZ 轴向右旋转 90°，使 H 面、W 面与 V 面展成同一平面。这样就得到如图 2-9（b）所示的点 A 的正投影图。由于投影面可以无限扩展，投影面的边框线则不必画出，如图 2-9（c）所示。应注意的是：投影面展开后 Y 轴有两个位置，随 H 面旋转的记做 Y_H，随 W 面旋转的记做 Y_W，Y_H、Y_W 都代表 Y 轴。

2.2.2 点的直角坐标和投影规律（Rectangular Coordinates and Projection Principles of a Point）

由图 2-10 可以看出，点 A 的 3 个直角坐标（X_A、Y_A、Z_A），即为点 A 到 3 个投影面的距离，它们与点 A 的投影 a'、a、a'' 的关系如下。

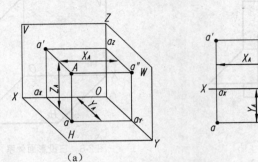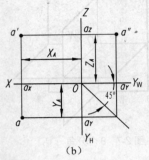

图 2-10　点的投影和坐标关系

点 A 到 W 面距离 $= Aa'' = aa_Y = a'a_Z = Oa_X = X_A$

点 A 到 V 面距离 $= Aa' = aa_X = a''a_Z = Oa_Y = Y_A$

点 A 到 H 面距离 $= Aa = a'a_X = a''a_Y = Oa_Z = Z_A$

由图 2-10（a）可知 $Aa' \perp V$ 面，$Aa \perp H$ 面，所以投射线 Aa' 和 Aa 构成的平面同时垂直 V 面和 H 面，也必然垂直于它们的交线 OX 轴，因此该平面与 V 面的交线 $a'a_X$ 及与 H 面的交线 aa_X 都分别垂直 OX 轴，所以展开后的投影图上的 a'、a_X、a 3 点必在垂直于 OX 轴的同一直线上，即 $a'a \perp OX$ 轴，同样也可证明 $a'a'' \perp OZ$ 轴。

综上所述，点在三投影面体系的投影规律如下。

（1）$a'a \perp OX$，即点的正面投影和水平投影的连线垂直于 OX 轴。

（2）$a'a'' \perp OZ$，即点的正面投影和侧面投影的连线垂直于 OZ 轴。

（3）$aa_X = a''a_Z = Y_A$，即点的水平投影 a 到 OX 轴的距离等于侧面投影 a'' 到 OZ 轴的距离。为了表示这种关系，作图时可用圆规直接量取长度，也可以自点 O 作 $45°$ 辅助线，以实现二者相等的关系，如图 2-10（b）所示。

【**例 2-1**】　如图 2-11 所示，已知点 A（12、15、18），求作它的三面投影图。

作图

（1）画投影轴，在 OX 轴上量取 $oa_X = 12$ 得 a_X；

（2）过 a_X 作 OX 轴的垂线，在此垂线上量取 $a'a_X = 18$，得点 a'，量取 $aa_X = 15$，得 a；

（3）过 a' 作 OZ 轴垂线，并使 $a''a_Z = aa_X$ 得 a''，即得点 A 的三面投影 a'、a、a''。

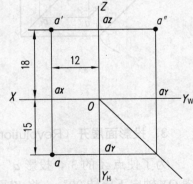

图 2-11　根据点的坐标作三面投影

【**例 2-2**】　如图 2-12（a）所示，已知点 B 的 V 面投影 b' 和 W 面投影 b''，求作点 B 的 H 面投影 b。

作图方法如图 2-12（b）所示。

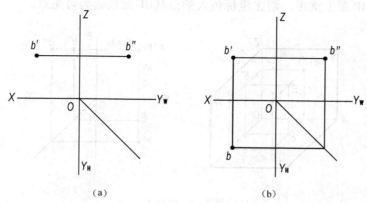

（a）　　　　　　　　　　　（b）

图 2-12　求作点的第三投影

2.2.3　两点的相对位置和重影点（Relative Position of Two Points and Coincident-image Points）

1. 两点的相对位置（Relative Position of Two Points）

两点间上、下、左、右和前、后的位置关系，可以用两点的同面投影的相对位置和坐标大小来判断。如图 2-13 所示，已知空间点 A（X_A、Y_A、Z_A）和 B（X_B、Y_B、Z_B），可以看出 $X_B<X_A$ 表示点 B 在点 A 的右边，$Z_B>Z_A$ 表示点 B 在点 A 的上方，$Y_B<Y_A$ 表示点 B 在点 A 的后面。

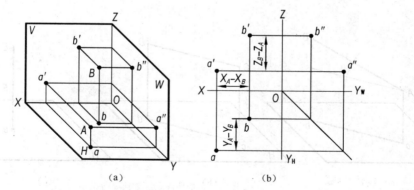

（a）　　　　　　　　　　　（b）

图 2-13　两点的相对位置

2. 重影点（Coincident-image Points）

当空间两点处于同一投射线上时，则这两点在该投射线垂直的投影面上的投影重合，这两点称为对该投影面的重影点。

如图 2-14 所示，点 A 与点 B 在同一垂直于 V 面的投射线上，所以它们的正面投影 a'、b' 重合，由于 $Y_A>Y_B$，表示点 A 位于点 B 的前方，故点 B 被点 A 遮挡，因此 b' 不可见，不可见点加括号用（b'）表示，以示区别。同理若在 H 面上重影，则 Z 坐标值大的点其 H 面投影为可见点；而在 W 面上重影，则 X 坐标值大的点其 W 面投影为可见点。

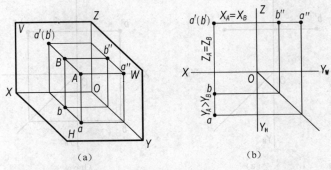

图 2-14　重影点

2.3　直线的投影（Projection of Lines）

2.3.1　直线投影的基本特性（General Characteristics Projection of Line）

直线相对一个投影面的投影特性取决于直线与投影面的相对位置，如图 2-15 所示。

（1）类似性。直线的投影一般仍为直线。当直线倾斜于投影面时，它在该投影面的投影是一个比实长小的直线，如图 2-15（a）所示，$ab=AB \cdot \cos\alpha$。

（2）实长性。当直线平行于投影面时，它在该投影面的投影反映实长，如图 2-15（b）所示。

（3）积聚性。当直线垂直于投影面时，它在该投影面的投影积聚成一点，如图 2-15（c）所示。

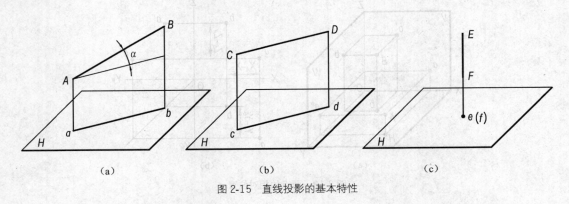

图 2-15　直线投影的基本特性

2.3.2　各种位置直线的投影特性（Projection Characteristics of a Line in Different Position）

直线在三投影面体系中的投影特性取决于直线与 3 个投影面之间的相对位置。根据直线对三投影面所处的不同位置，可将直线分为 3 类：一般位置直线、投影面平行线和投影面垂直线，后两类直线又称为特殊位置直线。

1. 一般位置直线（General Position Lines）

与 3 个投影面都倾斜的直线，称为一般位置直线。如图 2-16 所示，直线 AB 与 H、V、W 3 个投影面的倾角分别用 α、β、γ 表示，则：

$$ab=AB \cdot \cos\alpha \qquad a'b'=AB \cdot \cos\beta \qquad a''b''=AB \cdot \cos\gamma$$

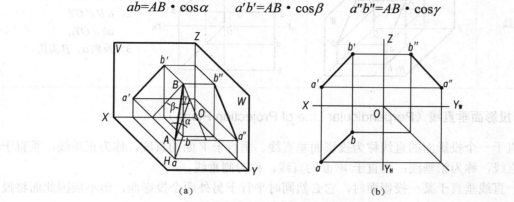

(a)   (b)

图 2-16 一般位置直线的投影

因此一般位置直线的三面投影长度均小于实长，3 个投影均呈倾斜位置，与投影轴的夹角也不反映该直线对投影面倾角的真实大小。

2. 投影面平行线（Parallel Line of Projection Plane）

平行于一个投影面，且倾斜于另外两个投影面的直线，称为投影面平行线。平行于 V 面的直线，称为正平线；平行于 H 面的直线，称为水平线；平行于 W 面的直线，称为侧平线。

表 2-1 列出了这 3 种投影面平行线的投影图和它们的投影特性。

表 2-1 投影面平行线的投影特性

名　称	轴　测　图	投　影　图	投　影　特　性
正平线			1. $a'b'=AB$ 2. $ab \parallel OX$ 　　$a''b'' \parallel OZ$ 3. 反映 α、γ 实角
水平线			1. $ab=AB$ 2. $a'b' \parallel OX$ 　　$a''b'' \parallel OY_W$ 3. 反映 β、γ 实角

续表

名　称	轴　测　图	投　影　图	投　影　特　性
侧平线	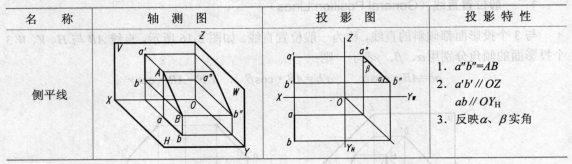		1. $a''b''=AB$ 2. $a'b' /\!/ OZ$ 　$ab /\!/ OY_H$ 3. 反映 α、β 实角

3. 投影面垂直线（Perpendicular Line of Projection Plane）

垂直于一个投影面的直线称为投影面垂直线。垂直于 V 面的直线，称为正垂线；垂直于 H 面的直线，称为铅垂线；垂直于 W 面的直线，称为侧垂线。

当一直线垂直于某一投影面时，它必然同时平行于另外两个投影面，但不应因此而将投影面垂直线与投影面平行线混淆，后者只与一个投影面平行。

表 2-2 列出了这 3 种投影面垂直线的投影图和它们的投影特性。

表 2-2　　　　　　　　　　　　　投影面垂直线的投影特性

名　称	轴　测　图	投　影　图	投　影　特　性
正垂线	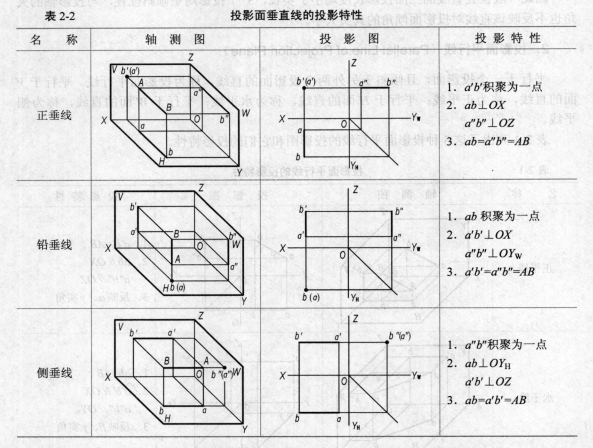		1. $a'b'$ 积聚为一点 2. $ab \perp OX$ 　$a''b'' \perp OZ$ 3. $ab=a''b''=AB$
铅垂线			1. ab 积聚为一点 2. $a'b' \perp OX$ 　$a''b'' \perp OY_W$ 3. $a'b'=a''b''=AB$
侧垂线			1. $a''b''$ 积聚为一点 2. $ab \perp OY_H$ 　$a'b' \perp OZ$ 3. $ab=a'b'=AB$

【例 2-3】　如图 2-17（a）所示，已知点 A 的 V 面投影 a' 和 H 面投影 a，作正平线 AB

的投影图，使 *AB*=30mm，*AB* 与 *H* 面的倾角*α*=30°。

作图

如图 2-17（b）所示。

（1）过 *a'* 作直线 *a'b'* 使之与 *OX* 轴的角度成 30°，且 *a'b'*=30mm；

（2）过 *a* 作直线平行 *OX* 轴，由 *b'* 求出 *b* 的投影；

（3）根据 *a'b'* 和 *ab* 作出侧面投影 *a"b"*。

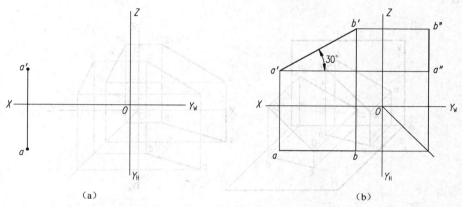

（a）　　　　　　　　　　　（b）

图 2-17　作直线的投影

2.3.3　点与直线的相对位置及其投影特性(Relative Position of a Point and a Line and It's Projection Characteristics)

点与直线的相对位置有两种情况：点在直线上或点不在直线上。直线上的点满足从属性和定比性，即点的投影必定在该直线的同面投影上，如图 2-18 所示的直线 *AB* 上有一点 *C*，则 *C* 点的三面投影 *c'*、*c*、*c"* 必定分别在直线 *a'b'*、*ab*、*a"b"* 上；且直线上的点分割线段之比等于点的投影分割各线段的投影之比，如图 2-18 所示，点 *C* 把线段 *AB* 分成 *AC*、*CB* 两段，根据投影的基本特性，线段及其投影的关系是 *AC*：*CB*=*a'c'*：*c'b'*=*ac*：*cb*=*a"c"*：*c"b"*。从属性和定比性是点在直线上的充分必要条件。

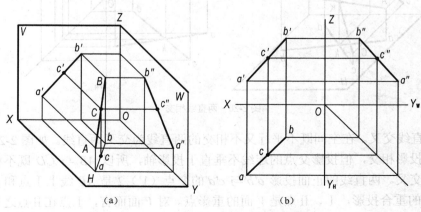

（a）　　　　　　　　　　　（b）

图 2-18　直线上点的投影

2.3.4 两直线的相对位置（Relative Position of Two Lines）

空间两直线之间的相对位置有 3 种情况：平行、相交和交叉。下面分别讨论它们的投影特性。

（1）两直线平行。若空间两直线相互平行，则此两直线的同面投影一定平行。如图 2-19 所示，若 $AB /\!/ CD$，则 $a'b' /\!/ c'd'$，$ab /\!/ cd$，求出它们的侧面投影，也必然相互平行，即 $a''b'' /\!/ c''d''$。

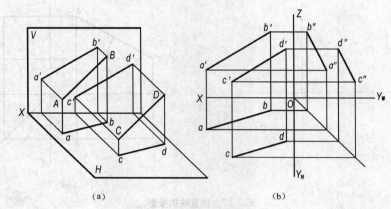

图 2-19 两直线平行

（2）两直线相交。若空间两直线相交，则它们的同面投影必然相交，且交点符合点的投影规律。如图 2-20 所示，AB 和 CD 为相交两直线，其交点 K 为两直线的共有点，则 $a'b'$ 与 $c'd'$，ab 与 cd 的交点分别是 k'、k，且 $k'k \perp OX$ 轴，求出他们的侧面投影，$k'k'' \perp OZ$ 轴。

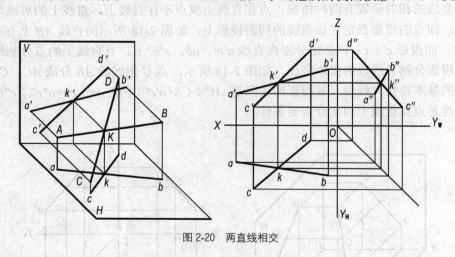

图 2-20 两直线相交

（3）两直线交叉。在空间既不平行又不相交的两直线为交叉两直线。如图 2-21 所示，两直线的同面投影相交，但投影交点的连线不垂直于投影轴，所以 AB 与 CD 既不相交，也不平行，而是交叉。两直线的正面投影 $a'b'$ 与 $c'd'$ 的交点（1'）2' 是 AB 线上 I 点和 CD 线上 II 点在 V 面上的重合投影，I、II 点是 V 面的重影点。对 V 面而言，I 点在 II 点之后，I 点不可见，II 点可见。对于水平面的重影点 III、IV 读者可自己分析。

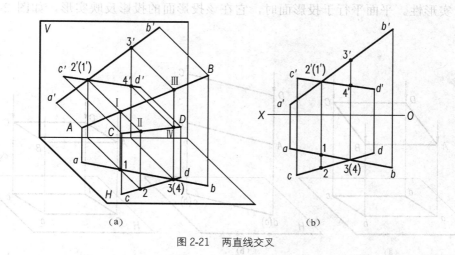

图 2-21　两直线交叉

2.4　平面的投影（Projection of Plane）

2.4.1　平面的表示法（Representation Methods of a Plane）

由几何学可知，平面的空间位置可由几何元素确定：不在同一直线上的 3 个点；一直线和直线外一点；两相交直线；两平行直线；任意的平面图形，如三角形、圆等，如图 2-22 上排图所示，图 2-22 下排图所示为用上述各几何元素所表示的平面的投影图。

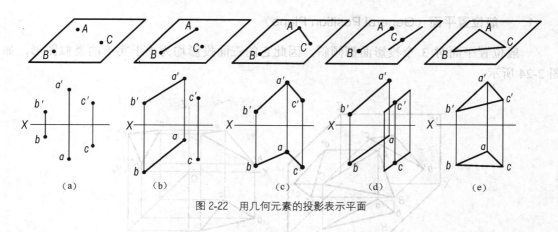

图 2-22　用几何元素的投影表示平面

上面的 5 种平面表示法是可以相互转化的，其中以平面图形表示平面最为常用。

2.4.2　平面投影的基本特性（General Projection Characteristics of a Plane）

平面相对一个投影面的投影特性取决于平面与投影面的相对位置。

（1）类似性。平面倾斜于投影面时，它在该投影面的投影是一个比实形小的平面图形，如图 2-23（a）所示。

（2）积聚性。平面垂直于投影面时，它在该投影面的投影积聚成一直线，如图 2-23（b）所示。

（3）实形性。平面平行于投影面时，它在该投影面的投影反映实形，如图 2-23（c）所示。

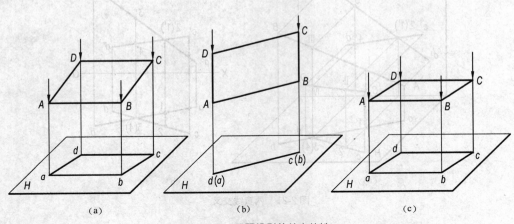

图 2-23 平面投影的基本特性

2.4.3 各种位置平面的投影特性（Projection Characteristics of a Plane in Different Position）

在三投影面体系中，根据平面对投影面所处的不同位置，可将平面分为 3 类：一般位置平面、投影面垂直面和投影面平行面。后两类平面又称为特殊位置平面。

1. 一般位置平面（General Position Plane）

一般位置平面对 3 个投影面都倾斜，因此它的三面投影均为小于实形的类似图形，如图 2-24 所示。

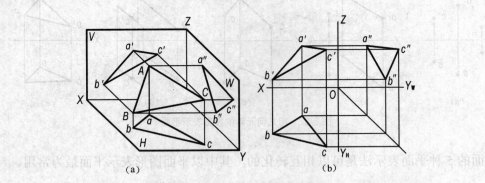

图 2-24 一般位置平面的投影

2. 投影面垂直面（Perpendicular Plane of Projection Plane）

垂直于一个投影面，且倾斜于另两个投影面的平面称为投影面垂直面：当其垂直于 V 面时，称为正垂面；当其垂直于 H 面时，称为铅垂面；当其垂直于 W 面时，称为侧垂面。

表 2-3 列出了这 3 种投影面垂直面的投影图和它们的投影特性。

表 2-3 投影面垂直面的投影特性

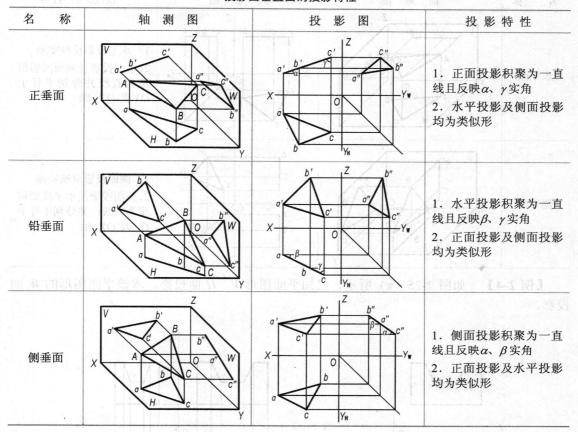

名　　称	轴　测　图	投　影　图	投　影　特　性
正垂面			1. 正面投影积聚为一直线且反映 α、γ 实角 2. 水平投影及侧面投影均为类似形
铅垂面			1. 水平投影积聚为一直线且反映 β、γ 实角 2. 正面投影及侧面投影均为类似形
侧垂面			1. 侧面投影积聚为一直线且反映 α、β 实角 2. 正面投影及水平投影均为类似形

3. 投影面平行面（Parallel Plane of Projection Plane）

平行于一个投影面（必垂直于另外两个投影面）的平面称为投影面平行面，当其平行于 V 面时，称为正平面；当其平行于 H 面时，称为水平面；当其平行于 W 面时，称为侧平面。

表 2-4 列出了这 3 种投影面平行面的投影图和它们的投影特性。

表 2-4 投影面平行面的投影特性

名　　称	轴　测　图	投　影　图	投　影　特　性
正平面			1. 正面投影反映实形 2. 水平投影及侧面投影积聚为直线，并分别平行于 OX 及 OZ 轴

续表

名 称	轴 测 图	投 影 图	投 影 特 性
水平面			1．水平投影反映实形 2．正面投影及侧面投影积聚为直线并分别平行于 OX 及 OY_W 轴
侧平面			1．侧面投影反映实形 2．正面投影及水平投影积聚为直线，并分别平行于 OZ 及 OY_H 轴

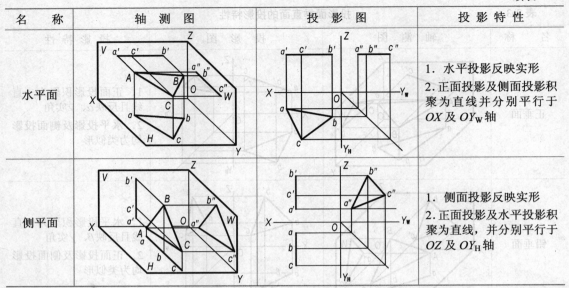

【**例 2-4**】　如图 2-25（a）所示，已知平面图形 V、H 面投影，求该平面图形的 W 面投影。

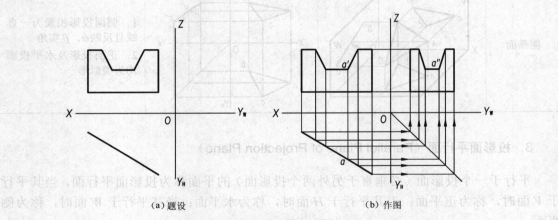

（a）题设　　　　　　（b）作图

图 2-25　作平面图形投影

该平面图形为铅垂面，因此在水平面的投影积聚为一直线，作图方法如图 2-25（b）所示，根据点的 V、H 面投影，用三等投影规律即可求出 W 面投影，再顺序连接各点即为所求。

2.4.4　平面上的点和直线（Point or a Line on a Plane）

在平面上取点和取直线可根据点和直线在平面上的几何条件作出其投影。

点和直线在平面上的几何条件如下。

（1）如果一点位于平面上的一已知直线上，则此点必定在该平面上。

如图 2-26 所示，D、E 点分别在属于 P 平面的直线 AB、BC 上，则 D、E 两点在 P 平面上。

（2）一直线通过平面上的两个点，则此直线必定在该平面上，如图 2-27（a）所示。

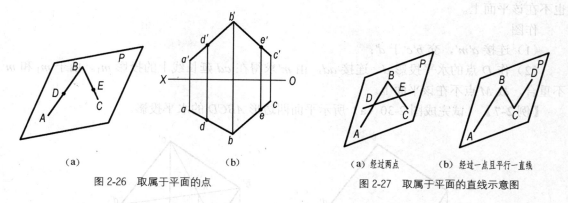

| (a) | (b) |

图 2-26 取属于平面的点

| (a) 经过两点 | (b) 经过一点且平行一直线 |

图 2-27 取属于平面的直线示意图

（3）一直线通过平面上的一个点，且平行于平面上的另一直线，则此直线必定在该平面上，如图 2-27（b）所示。

【例 2-5】 已知相交两直线 AB、BC 确定的平面，试作属于该平面的任意两直线，如图 2-28 所示。

作图

可以用两种不同的方法来作平面上的直线。

方法 1：取该平面上的任意两已知点 D（d'，d）和 E（e'，e），过 D、E 点的直线 DE（$d'e'$，de）必属于该平面上的直线。

方法 2：过该平面上的已知点 C（c'，c）作直线 CF（$c'f'$，cf）平行于已知直线 AB（$a'b'$，ab），则直线 CF 一定是属于该平面的直线。

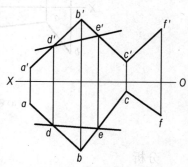

图 2-28 取属于平面的直线

【例 2-6】 试判断点 M 是否在△ABC 所确定的平面上，如图 2-29（a）所示。

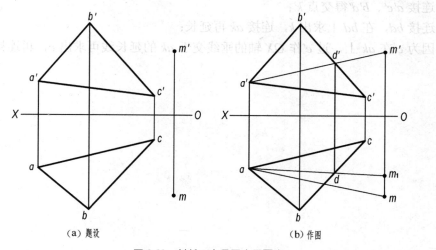

| (a) 题设 | (b) 作图 |

图 2-29 判断 M 点是否在平面内

分析

若 M 点在△ABC 面上，则 AM 连线必在该平面上；若 AM 直线不在该平面上，则 M 点也不在该平面上。

作图

（1）连接 $a'm'$，交 $b'c'$ 于 d'；

（2）作 D 点的水平投影 d，连接 ad，由 m' 求得在 ad 延长线上的投影 m_1。由于 m_1 和 m 不重合，故 M 点不在该平面上。

【**例 2-7**】　试完成图 2-30（a）所示平面四边形 $ABCD$ 的水平投影。

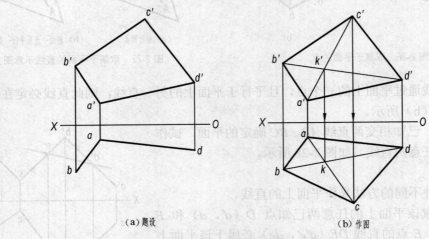

（a）题设　　　　　　　　　（b）作图

图 2-30　作平面图形投影

分析

已知平面四边形 $ABCD$ 中的 3 点 A、B、D 的 V 面和 H 面投影，利用平面上取点的方法，即可完成平面四边形的水平投影。

作图

（1）连接 $a'c'$、$b'd'$ 得交点 k'；

（2）连接 bd，在 bd 上求出 k，连接 ak 再延长；

（3）因为 c 在 ak 上，过 c' 作 OX 轴的垂线交于 ak 的延长线可求出 c，再连接 bc、dc 即为所求。

第3章 立体的投影

(Projection of Solid)

工程上所用的立体不管形状和结构多么复杂，一般可将它们看作由棱柱、棱锥、圆柱体、圆锥体和圆球等基本形体按一定方式组合而成，本章主要介绍基本立体的三视图的画法及其在表面上取点、取线的方法，掌握由基本形体所构成的简单组合体的三视图的画法。

3.1 三视图的形成及其投影规律（Form and Projection Prinaples of Three-View）

3.1.1 三视图的形成（Form of Three-View）

《机械制图》国家标准规定，用正投影法所绘制物体的图形称为视图，因此物体的投影与视图在本质上是相同的，物体的三面投影又叫三视图，如图 3-1（a）所示。

其中，主视图（front view）——由前向后投射，在 V 面上所得的视图；

俯视图（top view）——由上向下投射，在 H 面上所得的视图；

左视图（left view）——由左向右投射，在 W 面上所得的视图。

三投影面展开后，立体的三视图如图 3-1（b）所示，投影轴由于只反映物体相对投影面的距离，对各视图的形成并无影响，故省略不画，如图 3-1（c）所示。

3.1.2 三视图的投影规律（Projection Prinaples of Three-View）

如图 3-1（d）、（e）所示，根据已掌握的投影规律，我们知道：

- 主视图反映了物体上、下、左、右的位置关系，反映了物体的高度和长度；
- 俯视图反映了物体前、后、左、右的位置关系，反映了物体的宽度和长度；
- 左视图反映了物体的上、下、前、后的位置关系，反映了物体的高度和宽度。

因此可以形象地概括三视图的投影规律是：

- 主、俯视图长对正；
- 主、左视图高平齐；
- 俯、左视图宽相等。

这就是三视图在度量对应上的"三等"关系，对这 3 条投影规律，必须在理解的基础上，经过画图和看图的反复实践，逐步达到熟练和融会贯通的程度，特别要提醒注意的是，画俯视图和左视图时宽相等的对应关系不能搞错。

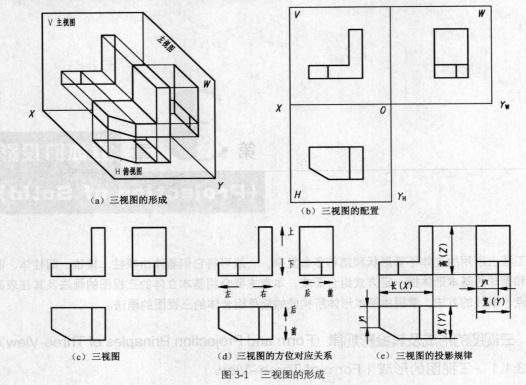

（a）三视图的形成

（b）三视图的配置

（c）三视图　　（d）三视图的方位对应关系　　（e）三视图的投影规律

图 3-1　三视图的形成

3.2　平面基本体（Basic Polyhedral Solid）

平面基本体是由若干个平面所围成的立体。画平面立体的投影图时，只要画出组成平面立体的平面和棱线的投影，然后判别可见性，将可见的棱线投影画成粗实线，不可见的棱线投影画成虚线。

3.2.1　棱柱（Prism）

棱柱由两个底面和几个侧棱面组成。侧棱面与侧棱面的交线称为棱线，棱柱的棱线互相平行，棱线与底面垂直的棱柱称为直棱柱，本节只讨论直棱柱。

1.　投影分析及画法（Projection Analysis and Drawing Steps）

图 3-2（a）所示为一正六棱柱，顶面和底面都是水平面，因此顶面和底面的水平投影重合，并反映实形；正面投影和侧面投影积聚成平行相应投影轴的直线。六棱柱有 6 个侧棱面，前后两个侧棱面为正平面，它们的正面投影重合并反映实形，水平投影和侧面投影积聚成一直线，其余 4 个侧棱面均为铅垂面，其水平投影分别积聚成倾斜直线，正面投影和侧面投影都是缩小的类似形。

画该正六棱柱的三视图时，应从反映正六边形的俯视图入手，再根据尺寸和投影规律画出其他两个视图，其他正棱柱的三视图画法也与正六棱柱类似，都应先从投影成正多边形的那个视图开始画。当视图图形对称时，应画出对称中心线，中心线用细点画线表示，如图 3-2（b）所示。

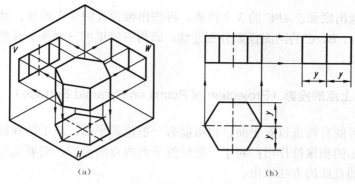

（a） （b）

图 3-2 正六棱柱的投影

2. 棱柱表面上点的投影（Projection of Points on Prism Surface）

棱柱表面上点的投影，应首先分析点所在表面及该表面的投影特性。如图 3-3 所示，已知棱面上 M 点的正面投影 m'，求 M 点的其余投影 m 和 m''。因 m' 为可见，所以 M 点位于六棱柱的左前棱面，点所在的棱面为铅垂面，该棱面的水平投影有积聚性，故可先求出点的水平投影 m，再根据 m'、m 求出 m''。判断点的可见性，由点所在棱面的可见性而定。在左视图中左前棱面可见，故 m'' 为可见。

3.2.2 棱锥（Pyramid）

图 3-3 六棱柱表面上点的投影

棱锥有一个底面，而所有侧棱线都交于一点，该点称为锥顶。

1. 投影分析及画法（Projection Analysis and Drawing Steps）

图 3-4（a）所示为一正三棱锥，它的底面△ABC 是水平面，其水平投影反映实形，正面和侧面投影均积聚成一水平线段。棱面△SAC 为一侧垂面（因 AC 为侧垂线），所以它的侧面投影积聚成一直线，正面投影和水平投影均为类似形，棱面△SAB 和△SBC 为一般位置平面，它的 3 个投影均为类似形，如图 3-4（b）所示。

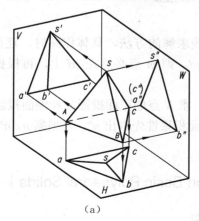
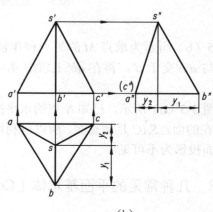

（a） （b）

图 3-4 正三棱锥的三视图

　　画图时，先画出底面△ABC的3个投影，再作出锥顶S的3个投影，然后自锥顶S和底面三角形的端点A、B、C的同面投影分别连线，即得三棱锥的三视图。其他棱锥的画法与正三棱锥的画法相似。

2．棱锥表面上点的投影（Projection of Points on Pyramid Surface）

　　棱锥的表面可能有特殊位置平面，也可能有一般位置平面，对于特殊位置平面内点的投影可利用平面投影的积聚性作出；对于一般位置平面内点的投影，则要运用点、线、面的从属关系通过作辅助直线的方法求出。

　　如图3-5所示，已知三棱锥表面上点M的正面投影m'，求点M的水平投影m和侧面投影m"。由于点M所在的面△SAB是一般位置平面，所以求点M的其他投影必须过点M，在△SAB上作一辅助直线，图3-5（a）所示为过m'点作一水平线为辅助直线，即过m'作该直线的正面投影平行于a'b'，再求该直线的水平投影（平行ab），则点M的水平投影m必在该直线的水平投影上，再由m'、m求出m"。

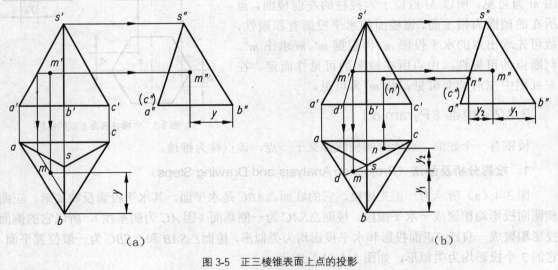

图3-5　正三棱锥表面上点的投影

　　图3-5（b）所示为求点M的另一种作辅助直线求解的方法，具体作图时，连接s'm'并延长使其与a'b'交于d'，再在ab上求出d，连接sd，则m点必然在sd上，再根据m'、m求出m"。

　　又如图3-5（b）所示，已知N点的水平投影n，求N点的正面投影n'和侧面投影n"。由于N点所在的面△SAC是侧垂面，所以可利用侧垂面积聚性先求出n"，再根据n、n"求出n'，N点的V面投影为不可见。

3.2.3　几种常见的平面基本体（Common Basic Polyhedral Solids）

　　表3-1所示为几种常见的平面基本体及其三视图。

表 3-1　　　　　　　　　　　　　　几种常见的平面基本体

	三 棱 柱	四 棱 柱	四 棱 锥	四 棱 台
三视图				
立体图				

3.2.4　简单组合体三视图的画法（Drawing Three-View of Simple Composite Solid）

仅由单一基本体构成的物体很少，大多数是由几个基本体组合而成，常见的组合形式是由一些基本体叠加而成或在这些基本体上切口、开槽。这里仅对由平面立体构成的简单组合体的三视图画法进行介绍。

1．形体分析（Shape Analysis）

如图 3-6 所示，此形体为叠加式组合形体，可分解为三部分，第一部分为底板，第二部分为竖板，第三部分为三角板。底板的方槽在左视图投影为不可见，所以按规定把轮廓线画成虚线，画图时，当粗实线与虚线的投影重合时画粗实线。

2．画图步骤（Drawing Steps）

图 3-6　组合体

（1）画出第Ⅰ部分底板的三视图，如图 3-7（a）所示，先画出四棱柱的三视图，再画前面的切口投影。

（2）画出第Ⅱ部分竖板的三视图，如图 3-7（b）所示。

（3）画出第Ⅲ部分三角板的三视图，如图 3-7（c）所示。

画图时要注意各部分之间的相对位置及表面连接关系，由于底板和竖板前面平齐，在主视图中应将多余的线擦除，最后将三视图加深，如图 3-7（d）所示。

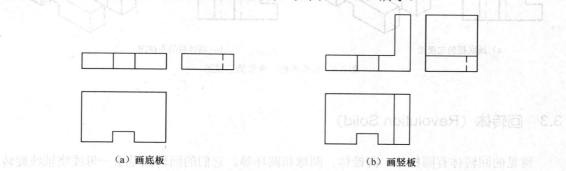

　　　（a）画底板　　　　　　　　　　　　　　　（b）画竖板

图 3-7　组合体的画图

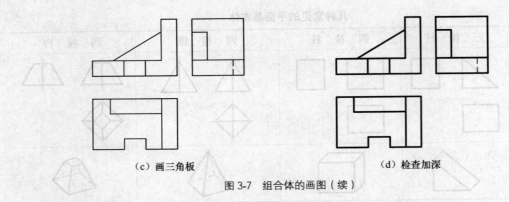

（c）画三角板　　　　　　　　　　（d）检查加深

图 3-7　组合体的画图（续）

3.2.5　由已知两视图求作第三视图（Drawing the Third View Basing on Two Given Views）

由已知两视图求作第三视图是看图和画图的结合过程，首先分析投影，想象出物体的空间形状，再根据投影规律，画出第三视图。

1. 形体分析（Shape Analysis）

如图 3-8 所示，可根据主、俯视图，将该形体分解成带槽的底板和竖板两部分，分别想象出它们的空间形象，逐步画出左视图，画图时应注意投影关系及相对位置，特别注意"俯、左视图宽相等"的对应关系。

2. 画图步骤（Drawing Steps）

根据投影规律，画出左视图，画图步骤如图 3-9 所示。

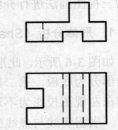

图 3-8　由两视图补画第三视图

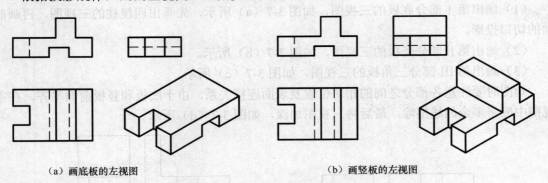

（a）画底板的左视图　　　　　　　　　　（b）画竖板的左视图

图 3-9　分析投影，求作第三视图

3.3　回转体（Revolution Solid）

常见的回转体有圆柱体、圆锥体、圆球和圆环等。它们的回转面是由一母线绕轴线旋转而成，母线在回转面上的任意位置称为素线，转向轮廓线是回转面相对某个投影面投影时，可见与不可见投影的分界线，在投影图上当转向轮廓线的投影与中心线（轴线）重合时，规定只画中心线，作回转体的三视图就是把构成回转体的回转面和平面的投影表示出来。

3.3.1 圆柱体（Cylinder）

1. 投影分析及画法（Projection Analysis and Drawing Steps）

圆柱面可以看成是由一直母线绕与它平行的回转轴线旋转而成。圆柱体由圆柱面及两底面所组成。

图 3-10 所示的圆柱体的轴线是铅垂线，圆柱面垂直于水平面，因此圆柱面的水平投影有积聚性，积聚成一个圆。圆柱体的顶面和底面是水平面，它们的水平投影反映实形，俯视图投影为圆。

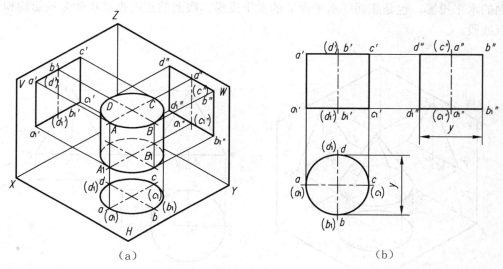

（a）　　　　　　　　　　　（b）

图 3-10　圆柱体的投影

圆柱体的正面的投影为一矩形，该矩形的最左、最右轮廓线 $a'a_1'$、$c'c_1'$ 是圆柱面最左、最右的素线，也是圆柱面的转向轮廓线，其侧面投影 $a''\,a_1''$、$c''\,c_1''$ 与轴线重合，规定省略不画。圆柱体的侧面投影是与正面投影一样大小的矩形，矩形的最前、最后轮廓线 $b''\,b_1''$、$d''\,d_1''$ 是圆柱面最前、最后的素线，也是圆柱面的转向轮廓线，其正面投影 $b'b_1'$、$d'd_1'$ 与轴线重合，规定省略不画。圆柱体的顶面和底面在正面与侧面的投影都积聚成直线。

画图时，应先画中心线及轴线，再画投影是圆的视图，最后按投影规律画其他视图。

2. 圆柱面上点的投影（Projection of Points on Cylinder Surface）

如图 3-11 所示，已知圆柱体表面 M、N 两点的正面投影 m' 和 (n')，求作它们的水平投影和侧面投影。根据正面投影 m' 为可见，(n') 不可见，可知点 M 在前半圆柱面上，而点 N

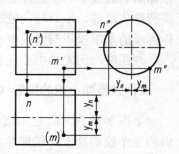

图 3-11　圆柱面上取点的作图方法

在后半圆柱面上，由于该圆柱面的侧面投影有积聚性，就可由 m'、(n') 按"高平齐"作出 m'' 和 n''；再由 m'、m''、(n')、n''，按"长对正"、"宽相等"关系作出水平投影 (m)、n。由于点 M 在下半圆柱面上，点 N 在上半圆柱面上，所以点 M 的水平投影 m 为不可见，而点 N 的水平投影 n 为可见。

3.3.2　圆锥体（Cone）

1．投影分析及画法（Projection Analysis and Drawing Methods）

圆锥面可以看成是由一条直母线绕与它相交的回转轴旋转而成，圆锥体由圆锥面和底面所围成。

如图 3-12 所示，当圆锥体的轴线垂直于水平面时，圆锥体的俯视图为一圆，这个圆既是圆锥面的水平投影，也是底面（水平面）的水平投影，底面的正面投影和侧面投影均积聚成水平直线段。

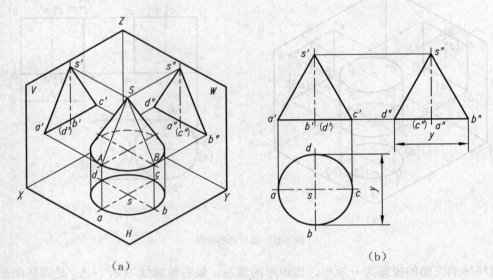

（a）　　　　（b）

图 3-12　圆锥体的三视图

圆锥体的正面投影为等腰三角形，其两腰 $s'a'$、$s'c'$ 是圆锥体正面投影的最左、最右转向轮廓线，也是前半圆锥面与后半圆锥面可见与不可见的分界线，其侧面投影与轴线重合，圆锥体的侧面投影与正面投影为同样大小的等腰三角形，只是等腰三角形的两腰 $s''b''$、$s''d''$ 是圆锥体最前、最后转向轮廓线，是左半圆锥面与右半圆锥面可见与不可见的分界线，转向轮廓线的水平投影与圆的中心线重合，省略不画。

画图时，应先画中心线及轴线，再画投影是圆的视图，最后按投影规律画其他视图。

2．圆锥面上点的投影（Projection of Points on Cone Surface）

如图 3-13 所示，已知圆锥面上点 A 的正面投影 a'，求其水平投影和侧面投影。由于圆锥面的 3 个投影都没有积聚性，所以在圆锥面上取点应采用过已知点作辅助直线或辅助圆法来求点的投影。

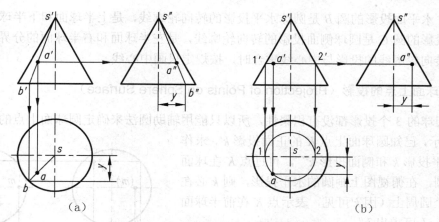

图 3-13 圆锥面上取点的作图方法

方法 1 辅助直线法：

如图 3-13（a）所示，连接直线 $s'a'$ 并延长交底边圆于 b'，求出 SB 的另两个投影 sb、$s''b''$，用线上找点的方法作出 a、a''。

方法 2 辅助圆法：

如图 3-13（b）所示，过 a' 作垂直于轴线的水平圆的正面投影，交两转向轮廓线于 1'、2' 点，以 1'2' 长为直径在水平面上画一圆，根据 a' 可见，即可判断点 A 位于圆锥体左前半锥面上，由 a' 作出水平投影 a，由 a'、a 作出侧面投影 a''。

3.3.3　圆球（Sphere）

1. 投影分析及画法（Projection Analysis and Drawing Methods）

圆球是一圆母线以其直径为回转轴旋转而成。圆球在 3 个投影面上的投影都是等直径的圆，这 3 个圆是圆球 3 个转向轮廓线的投影。

如图 3-14 所示，正面投影的圆 A 是圆球正面投影的转向轮廓线，是前半球面和后半球面

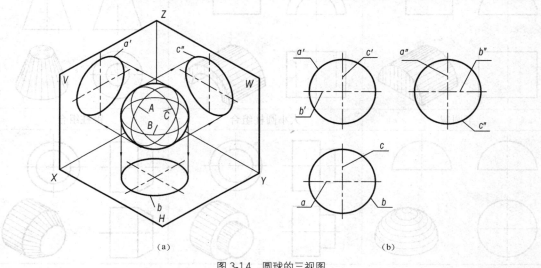

图 3-14　圆球的三视图

的分界线。水平面投影的圆 B 是圆球水平投影的转向轮廓线，是上半球面和下半球面的分界线，侧面投影的圆 C 是圆球侧面投影的转向轮廓线，是左半球面和右半球面的分界线。在投影图上当转向轮廓线的投影与中心线重合时，按规定只画中心线。

2. 圆球面上点的投影（Projection of Points on Sphere Surface）

因为圆球的 3 个投影都没有积聚性，所以只能用辅助圆法来确定圆球面上点的投影。如

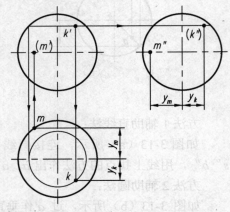

图 3-15 所示，已知圆球面上点 K 的正面投影 k'，求作点 K 的水平投影 k 和侧面投影 k''，可过点 K 在球面上作水平圆，在俯视图上画圆的水平投影，则 k 必在圆的前半个圆周上（因 k' 可见，表示点 K 在前半球面上），由 k'、k 可求出 k''。

判别可见性时仍以转向轮廓线为分界线，对于主视图，前半球面可见，后半球面不可见；对于俯视图，上半球面可见，下半球面不可见；对于左视图，左半球面可见，右半球面不可见。由已知投影 k'，可判断点 K 位于球面的右上前部分，所以 k 为可见，（k''）为不可见。

当点位于圆球的转向轮廓线上时，则可直接求出

图 3-15　圆球面上点的投影

点的投影。如图 3-15 所示，已知点 M 的水平投影，求它的正面投影和侧面投影。因为 m 在水平投影的转向轮廓线上，根据转向轮廓线的投影位置，可直接求出 m' 和 m'' 的投影。

表 3-2 所示为几种常见的不完整回转体及组合回转体，熟悉它们的投影图对今后画图和看图都有帮助。

表 3-2　　　　　　　　　　几种常见的不完整回转体及组合回转体三视图

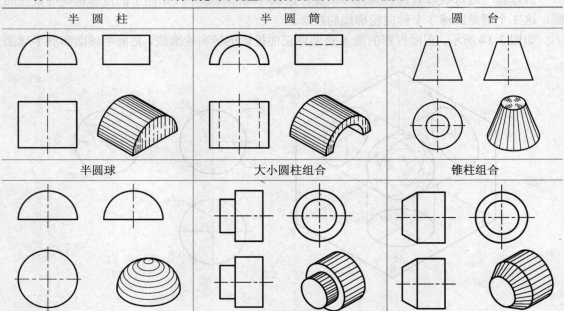

半圆柱	半圆筒	圆台
半圆球	大小圆柱组合	锥柱组合

【例 3-1】   参看轴测图，画出物体的另两个视图，如图 3-16 所示。

分析

如图 3-16 所示，此形体为简单叠加式组合形体，可分解为两部分，第一部分为长方体的底板，其左边被切了一个矩形槽，第二部分为带孔的长圆形的竖板，物体的宽度和高度尺寸已知，要画出主、俯视图，需参看轴测图，并根据所定尺寸完成其投影。

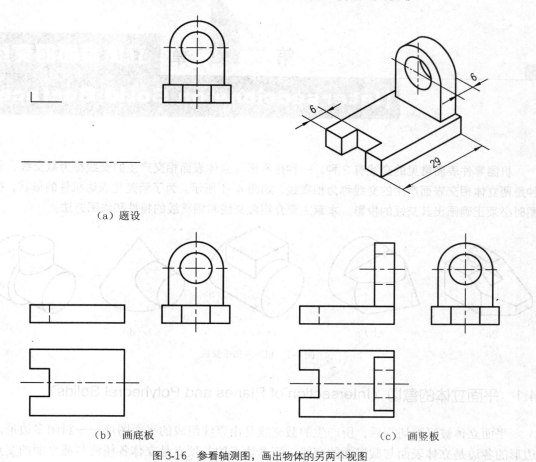

（a）题设

（b）画底板

（c）画竖板

图 3-16 参看轴测图，画出物体的另两个视图

作图

（1）画出长方体底板的主、俯视图，完成矩形槽投影，如图 3-16（b）所示。

（2）画出竖板的三视图，如图 3-16（c）所示。

画图时要注意各部分之间的相对位置关系及孔的画法。

第 **4** 章 立体表面的交线
(Intersections on Solid Surface)

机器零件表面常见的交线有 2 种，一种是平面与立体表面相交产生的交线称为截交线，另一种是两立体相交表面产生的交线称为相贯线，如图 4-1 所示。为了清楚地表达机件的形状，在画图时必须正确画出其交线的投影。本章主要介绍截交线和相贯线的特性和作图方法。

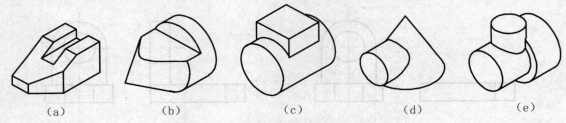

(a)　　　(b)　　　(c)　　　(d)　　　(e)

图 4-1　机件表面的交线

4.1　平面立体的截切 (Intersection of Planes and Polyhedral Solids)

平面立体被平面切割后，所产生的截交线是由直线组成的平面图形——封闭多边形，多边形的各边是立体表面与截平面的交线，而多边形的各顶点是立体各棱线与截平面的交点，因此求截交线实际是求截平面与平面立体各棱线的交点，或求截平面与平面立体各表面的交线。下面举例说明画平面立体截交线的方法和步骤。

【例 4-1】　画四棱锥被正垂面 P 截切后的三视图，如图 4-2 所示。

分析

因截平面 P 与四棱锥 4 个侧棱面相交，所以截交线为四边形，它的 4 个顶点即为四棱锥的 4 条棱线与截平面 P 的交点。由于截平面 P 是正垂面，所以截交线的投影在主视图上积聚在 p' 上，在俯视图和左视图上为类似形。

作图

（1）画出四棱锥的三视图。

（2）由于截平面 P 是正垂面，四棱锥的 4 条棱线与截平面 P 的交点在正面的投影 1′、2′、3′、4′可直接求出。

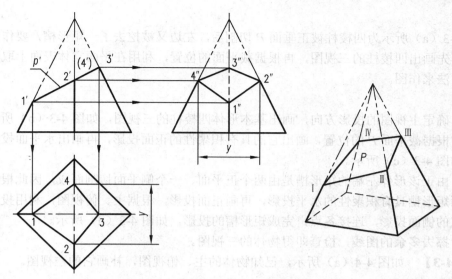

图 4-2 四棱锥被一正垂面截切

（3）根据直线上点投影的从属性，可在四棱锥各棱线的水平投影和侧面投影上分别求出相应点的投影 1、2、3、4 和 1″、2″、3″、4″。

（4）将各点的同面投影依次连接起来，即得截交线的投影，在投影图上擦去被截平面 P 截去的部分，即完成作图。注意最左、最右棱线在侧面的投影，其中虚线不要漏画。

【例 4-2】 图 4-3（a）所示为四棱柱被多个平面切割，画出该形体的三视图。

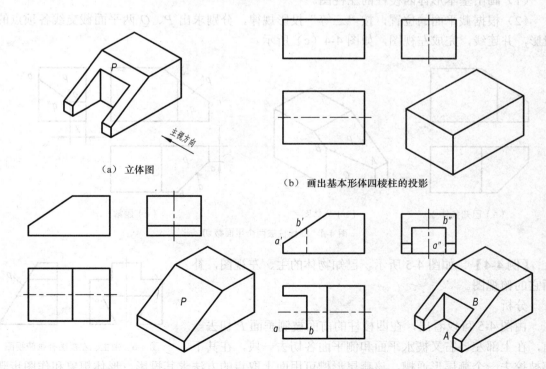

（a）立体图

（b）画出基本形体四棱柱的投影

（c）画出四棱柱被正垂面 P 切割后的投影

（d）画方槽的投影

图 4-3 画带切口四棱柱的三视图

分析

图 4-3（a）所示为四棱柱被正垂面 P 切割后，左边又被挖去了一矩形槽，要作出它的投影图，需先画出四棱柱的三视图，再根据截平面的位置，利用在平面立体表面上取点、取线的作图方法来作图。

作图

（1）确定主视图的投影方向，画出基本形体四棱柱的三视图，如图 4-3（b）所示。

（2）根据截平面 P 的位置，画出它的具有积聚性的正面投影，再画出水平面投影和侧面投影，如图 4-3（c）所示。

（3）由于该形体左端的矩形槽是由两个正平面、一个侧平面切割而成，因此根据切口尺寸，先画矩形槽具有积聚性的水平投影，再画正面投影，根据主、俯视图，利用投影规律，作出各点的侧面投影，连接各点，完成矩形槽的投影，如图 4-3（d）所示。

（4）擦去多余的图线，检查即得物体的三视图。

【例 4-3】 如图 4-4（a）所示，已知物体的主、俯视图，补画它的左视图。

分析

已知两个视图，补画第三视图是提高读图和绘图能力以及空间想象能力的一个重要手段。由图 4-4（a）想象该物体的空间形状如图 4-4（b）所示，该形体可看成四棱柱被正垂面 P 和铅垂面 Q 截切，P、Q 两平面的交线 AB 为一般位置的直线，根据投影规律画出左视图。

作图

（1）画出基本形体四棱柱的左视图。

（2）根据截平面的位置，按"三等"投影规律，分别求出 P、Q 两平面截交线各顶点的投影，并连线，完成左视图，如图 4-4（c）所示。

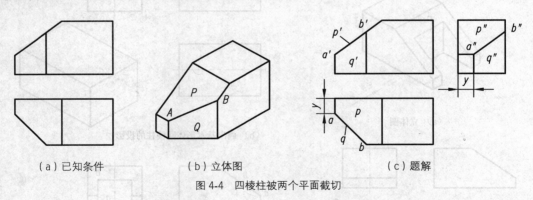

（a）已知条件　　　　　（b）立体图　　　　　（c）题解

图 4-4　四棱柱被两个平面截切

【例 4-4】 如图 4-5 所示，已知物体的主、左视图，补画它的俯视图。

分析

由图 4-5 可以看出，在四棱柱的前面被侧垂面 P 切去一角，在上部左、右又被水平面和侧平面各切去一块，在其下部被挖去一个燕尾形通槽，该燕尾形槽可用面上取点的方法求其投影。形体想象和作图步骤如图 4-6 所示。

图 4-5　由主、左视图补画俯视图

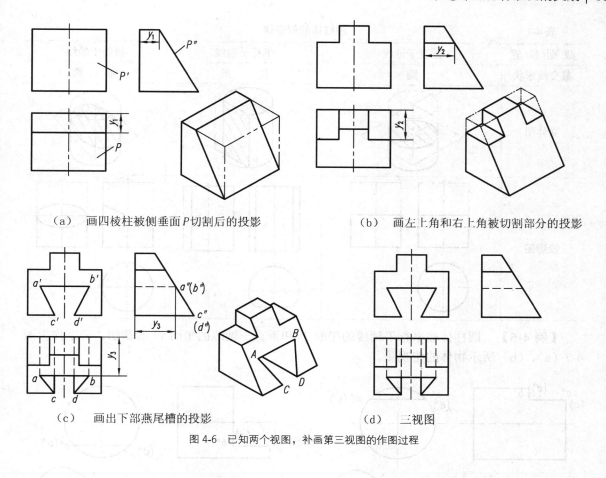

（a） 画四棱柱被侧垂面P切割后的投影   （b） 画左上角和右上角被切割部分的投影

（c） 画出下部燕尾槽的投影   （d） 三视图

图4-6 已知两个视图，补画第三视图的作图过程

4.2 回转体截切（Intersection of Planes and Revolution Solids）

平面与回转体相交所得的截交线是平面和回转体表面的共有线，截交线上任意一点都是它们的共有点。截交线一般情况下是一个封闭的平面图形，它的形状取决于回转体的形状及其截平面的相对位置。

求回转体截交线的方法和步骤如下。

（1）分析回转体的表面性质，截平面与回转体的相对位置，初步判断截交线的形状及其投影。

（2）求截交线上特殊点，如最高点、最低点、最右点、最左点、最前点、最后点和转向轮廓线上交点的投影。

（3）为了作图准确，还需适当求出截交线上一般点的投影。

（4）补全轮廓线，判断可见性，光滑连接各点即得截交线的投影。

4.2.1 圆柱体的截交线（Intersections of Planes and Cylinders）

平面与圆柱体相交，根据截平面与圆柱体轴线的相对位置不同，产生了3种不同形状的截交线，即圆、矩形、椭圆，如表4-1所示。

表 4-1   圆柱体的截交线

截面位置	垂直于轴线	平行于轴线	倾斜于轴线
截交线形状	圆	矩 形	椭 圆
立体图			
投影图			

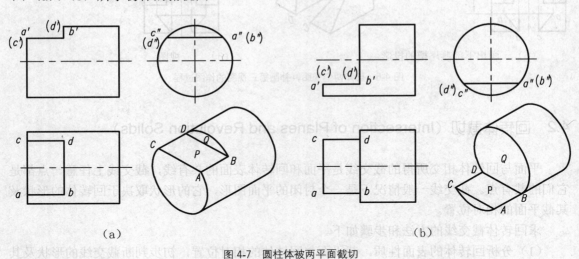

【例 4-5】   圆柱体被平行于轴线的平面 P 和垂直于轴线的平面 Q 所截切，分别作出图 4-7（a）、（b）所示物体的俯视图。

（a）   （b）

图 4-7　圆柱体被两平面截切

分析

在图 4-7 中，截平面 P 平行于圆柱体轴线，它与圆柱面的交线为两平行直线 AB、CD，均为侧垂线，截平面 Q 垂直于圆柱体轴线，它与圆柱面的截交线为圆弧 $\overset{\frown}{BD}$，其正面投影和水平投影积聚成直线，侧面投影为圆弧 $\overset{\frown}{b''d''}$。

作图

（1）先画出完整的圆柱体的俯视图。利用积聚性确定截交线的正面投影和侧面投影。

（2）利用三等投影规律，求出截交线的水平投影。

注意比较图 4-7（a）和图 4-7（b）的投影在俯视图的不同之处。

【例 4-6】 如图 4-8（a）所示，圆柱体被正垂面 P 截切，求作左视图。

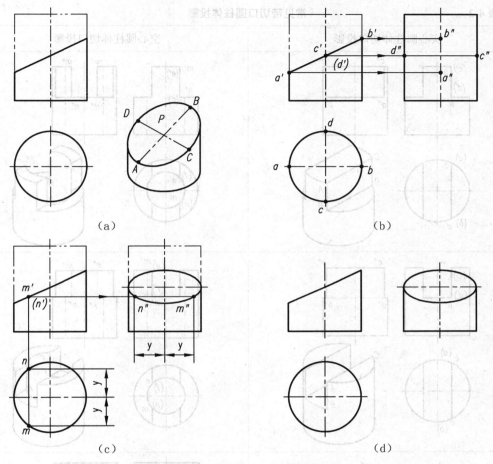

图 4-8 圆柱体被一正垂面截切

分析

截平面 P 与圆柱体的轴线倾斜，其交线为一椭圆，由于截平面是正垂面，圆柱体的轴线是铅垂线，所以截交线的正面投影积聚成一直线，水平投影积聚在圆周上，截交线的侧面投影可根据投影规律和圆柱面上取点的方法求得。

作图

（1）画圆柱体的左视图，如图 4-8（b）所示，求特殊点，在最外轮廓线上的点 A、B、C、D 是特殊点（最左、最右、最前、最后点），也是椭圆长、短轴的端点，可根据它们的正面投影和水平投影，求得侧面投影 a″、b″、c″、d″。

（2）求一般点。在交线的正面投影上选取 m′、n′ 两点，求出水平投影 m、n，根据它们的正面投影和水平投影求 m″、n″，如图 4-8（c）所示，同理可求出其他一般点。

（3）光滑连接各点，即得交线的侧面投影，将圆柱体的最外轮廓线画到 c″、d″ 为止，并与椭圆相切，即得左视图，如图 4-8（d）所示。

表 4-2 所示为常见圆柱体被平面切割开槽的投影画法，注意当空心圆柱体被平面切割开

槽时，作图时应分别画出截平面与圆柱体外表面、内表面的截交线。

表 4-2   常见带切口圆柱体投影

实心圆柱体切口投影 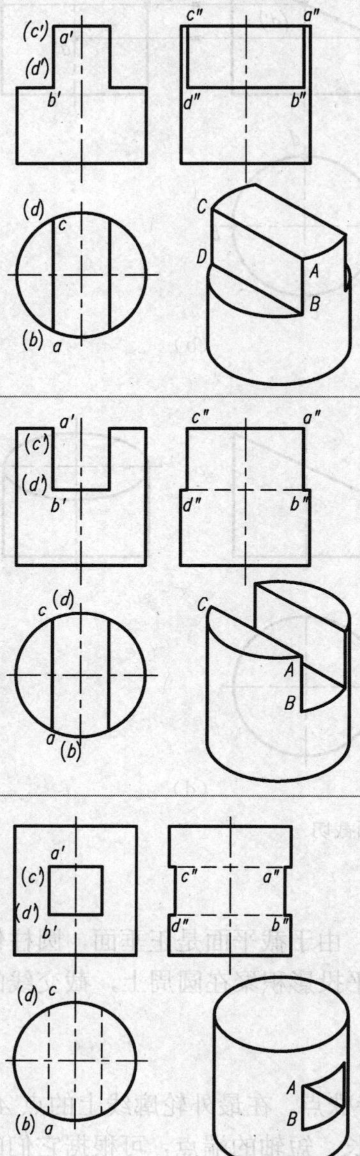	空心圆柱体切口投影 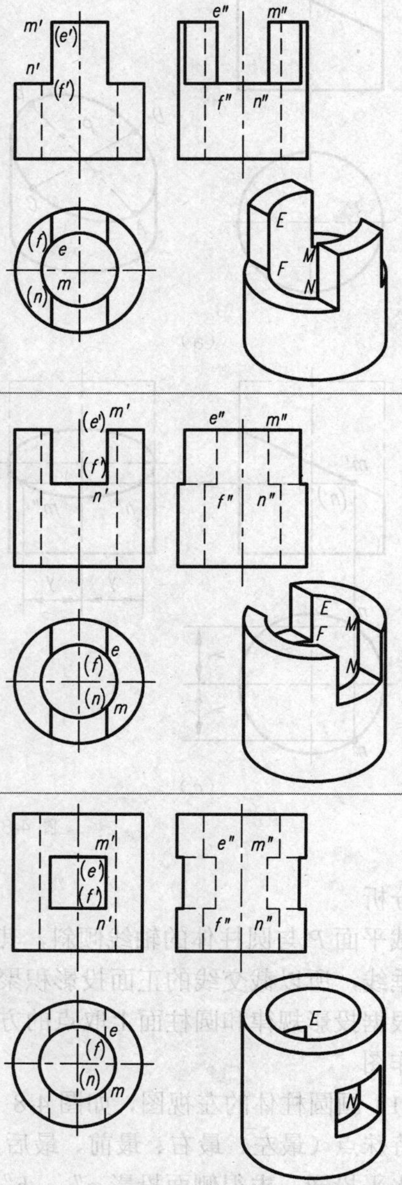

4.2.2 圆锥体的截交线（Intersections of Planes and Cones）

当平面与圆锥体相交时，由于平面对圆锥体的相对位置不同，其截交线有 5 种情况，圆、椭圆、抛物线、双曲线及相交两直线。如表 4-3 所示。

表 4-3   圆锥体的截交线

截平面位置	轴 测 图	投 影 图	截 交 线
与轴线垂直 $\theta=90°$	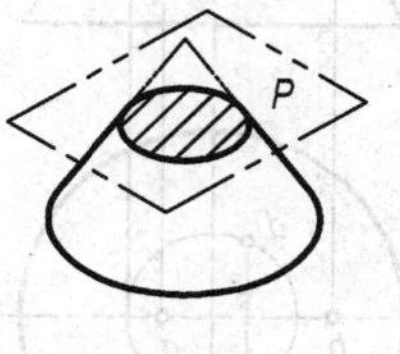	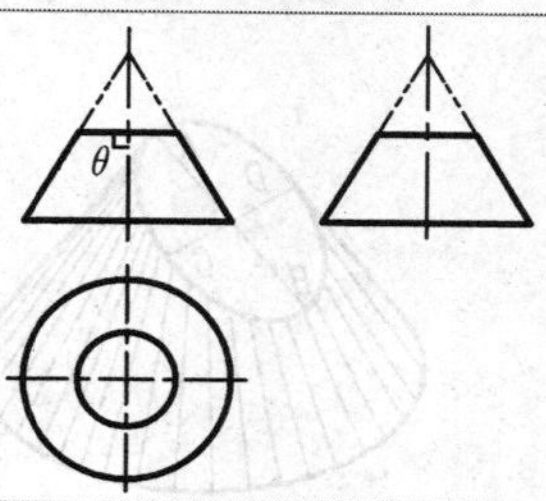	圆
与所有素线相交 $\theta>\alpha$	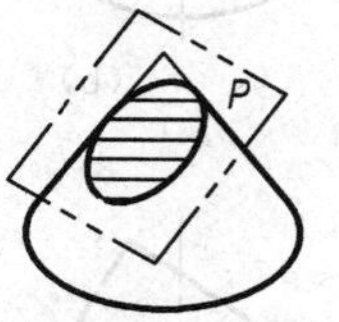	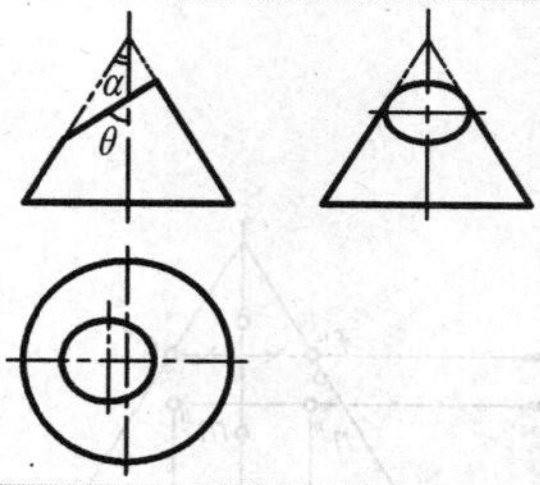	椭圆
与一条素线平行 $\theta=\alpha$	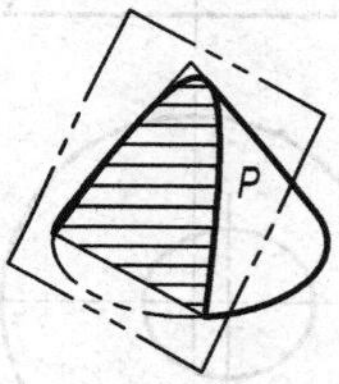	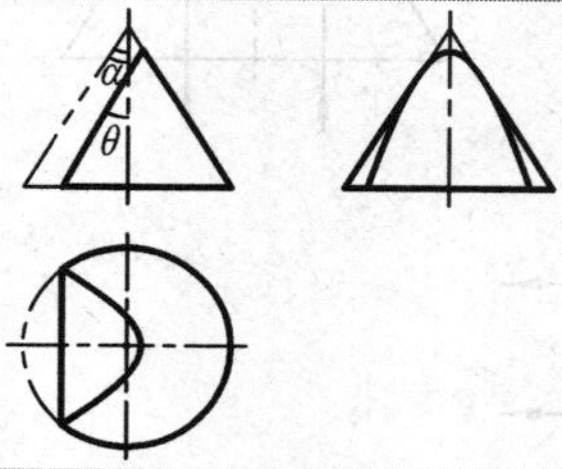	抛物线
与轴线平行 或 $\theta<\alpha$	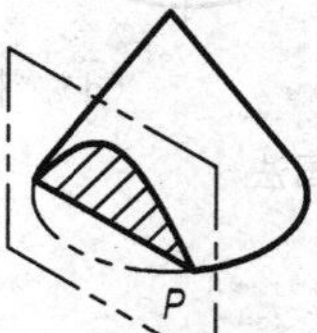	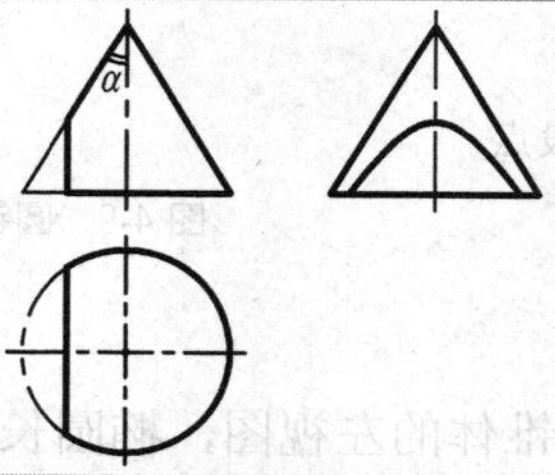	双曲线
过锥顶	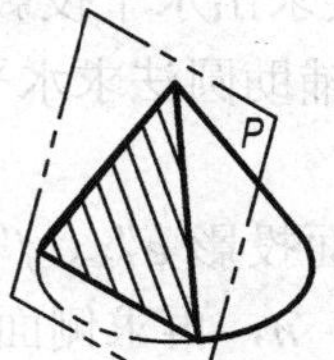	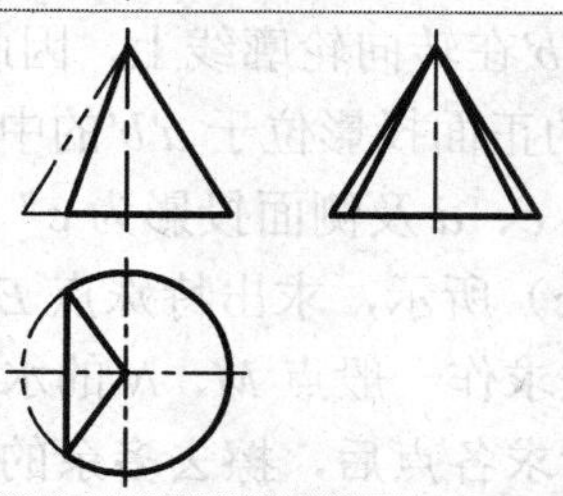	等腰三角形

【例 4-7】   圆锥体被正垂面 P 截切，已知其主视图投影，完成俯视图并画出左视图，如图 4-9（a）所示。

分析

根据截平面与圆锥体的相对位置可知，其截交线为椭圆，由于截平面 P 为正垂面，所以截交线的正面投影积聚为直线，水平投影和侧面投影为椭圆，在作图时应先求出椭圆长、短轴的端点，再适当作些一般点，然后用曲线光滑连接。

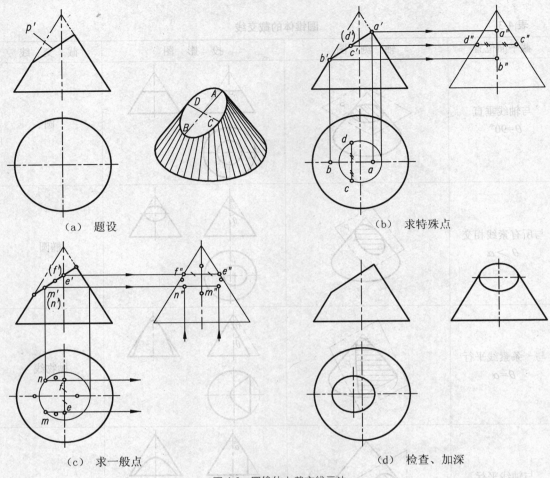

（a）题设　　　　　　　　（b）求特殊点

（c）求一般点　　　　　　　（d）检查、加深

图 4-9　圆锥体上截交线画法

作图

（1）作出完整圆锥体的左视图，椭圆长轴和短轴是 *AB*、*CD*，两者互相垂直平分，*A*、*B* 两点的正面投影 *a'*、*b'* 在转向轮廓线上，因此，可直接求出水平投影 *a*、*b*，侧面投影为 *a"*、*b"*，而 *C*、*D* 两点的正面投影位于 *a'b'* 的中点，要用辅助圆法求水平投影，如图 4-9（b）所作的圆，由此求得为 *c*、*d* 及侧面投影为 *c"*、*d"*。

（2）如图 4-9（c）所示，求出特殊点 *E*、*F* 的侧面投影 *e"*、*f"* 及水平投影 *e*、*f*，再在适当位置用辅助圆法求作一般点 *M*、*N* 的水平投影 *m*、*n*，再求侧面投影 *m"*、*n"*。

（3）光滑连接所求各点后，擦去多余的图线并加深，如图 4-9（d）所示。

【例 4-8】　作圆锥台切口截交线投影，如图 4-10（a）所示。

分析

圆锥台被 3 个平面 *P*、*Q*、*R* 所截切，其中 *P*、*R* 为水平面，与圆锥台的交线为圆弧，*Q* 平面为过锥顶的正垂面，它与圆锥面的交线为直线，分别补画截交线的水平投影和侧面投影。

作图

（1）如图 4-10（b）所示切口的正面投影已知，由正面投影求出 *P*、*R* 截平面与圆锥台交线圆的水平投影。

（2）根据"三等"投影关系求出截平面 Q 与圆锥的交线Ⅰ、Ⅱ、Ⅲ、Ⅳ4个点的水平投影1、2、3、4和侧面投影1″、2″、3″、4″，然后依次分别连接4点，作出切口的交线的水平投影和侧面投影。

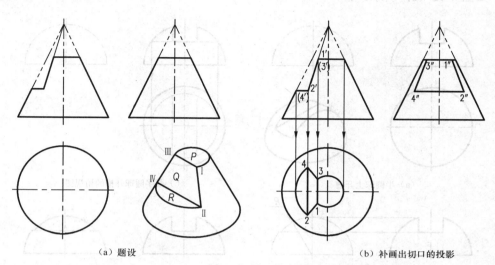

（a）题设　　　　　　　　　　　　　　　（b）补画出切口的投影

图 4-10　圆锥台切口的投影

4.2.3　圆球的截交线（Intersections of Planes and Spheres）

平面与圆球相交，截交线都是圆，如果截平面是投影面的平行面，交线圆在所平行的投影面上的投影反映圆的实形，另外两个投影积聚成直线，如果截平面是投影面的垂直面，则截交线在该投影面上的投影为一直线，其他两投影均为椭圆，圆球截交线的画法如图 4-11所示。

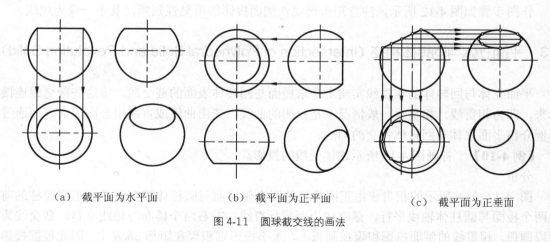

（a）截平面为水平面　　　　（b）截平面为正平面　　　　（c）截平面为正垂面

图 4-11　圆球截交线的画法

【例 4-9】　补画出图 4-12（a）所示半圆球上方开矩形槽的俯视图和左视图的投影。
分析

半圆球上方的矩形槽是被一个水平面和两个侧平面所截切，截交线均为圆弧，其正面投影分别积聚成 3 条直线段，如图 4-12（a）所示。水平面截切半圆球所得截交线的水平投影反映实形，为圆弧，两侧平面在水平面投影积聚为两直线，如图 4-12（b）所示，两侧平面截切半圆球所得截交线的侧面投影反映实形，为一段圆弧，水平面在侧面的投影积聚为一直线段，如图 4-12（c）所示。

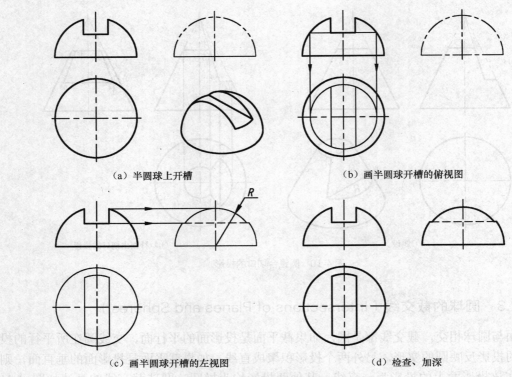

（a）半圆球上开槽　　　　　　　　　　　　（b）画半圆球开槽的俯视图

（c）画半圆球开槽的左视图　　　　　　　　　　　（d）检查、加深

图 4-12　半圆球开槽投影的作图过程

作图步骤如图 4-12 所示，注意矩形槽底在侧面投影的可见性判断，其中一段为虚线。

4.3　平面立体与回转体相交（Intersection of Polyhedral Solid and Revolution Solid）

平面立体与回转体的相贯线实质上是求棱面与回转体表面的截交线，将这些截交线连接起来，即为相贯线。相贯线一般情况下是封闭的曲线，或由曲线或直线组合而成。下面通过图例介绍平面立体与回转体相交的画法。

【例 4-10】　补画图 4-13 所示物体交线的投影。

分析

图 4-13（a）所示的相贯线由正四棱柱的四个侧棱面与圆柱体相交而成。正四棱柱的前后两个棱面与圆柱体轴线平行，截交线为两平行直线，左右两个棱面与轴线垂直，截交线为两段圆弧。相贯线的侧面投影积聚在圆弧上，水平投影则积聚在矩形 abcd 上，因此根据投影规律只需求出相贯线的正面投影。

图 4-13（b）所示为带方孔的正四棱柱与圆筒相交，除了应画出正四棱柱与圆筒外表面交线的投影，还需画出方孔的四个平面与圆筒内、外表面交线的投影，比较一下圆筒上下部

分交线的投影，注意可见性判断。具体作图过程如图 4-13 所示。

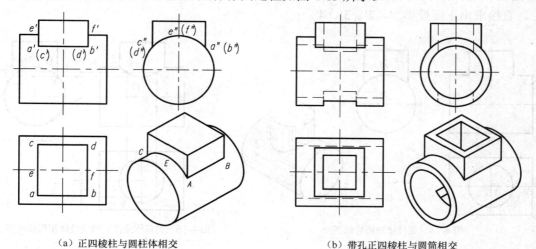

（a）正四棱柱与圆柱体相交　　　　　　　　　（b）带孔正四棱柱与圆筒相交

图 4-13　正四棱柱与圆柱体相交

4.4　两回转体相交（Intersection of Two Revolution Solids）

两回转体相交所形成的相贯线有以下性质。

（1）一般情况下，相贯线是封闭的空间曲线，在特殊情况下可以是平面曲线或直线。

（2）相贯线是两回转体表面的共有线，也是两回转体表面的分界线，所以相贯线上的所有点都是两回转体表面上的共有点。

求相贯线常用的方法有两种。

方法一：用积聚性法求相贯线。两回转体相交，如果其中有一个是轴线垂直于投影面的圆柱体，则相贯线在该投影面上的投影积聚在圆上，根据积聚性，利用表面取点法求作相贯线的投影。

方法二：用辅助平面法求相贯线。其作图的基本原理是作一辅助截平面，使辅助截平面与两回转体都相交，在两回转体上分别求出截交线，这两条截交线的交点，既在辅助平面上，又在两回转体表面上，因此是相贯线上的点。

下面分别介绍一些常见的两回转体相交的相贯线画法。

4.4.1　两圆柱体相交（Intersection of Two Cylinders）

【例 4-11】　求正交两圆柱体的相贯线投影，如图 4-14 所示。

分析

从图中可以看出，直径不同的两圆柱体轴线垂直相交，相贯线为前后左右对称的空间曲线。由于大圆柱体的轴线为侧垂线，小圆柱体的轴线为铅垂线，因此相贯线的水平投影积聚在小圆柱水平投影圆上，侧面投影积聚在大圆柱侧面投影圆的一段圆弧上，所以只需要求出相贯线的正面投影。

作图

（1）求特殊点。如图 4-15 所示，由于两圆柱体轴线垂直相交，因此相贯线上的最左、最右、最前、最后点都在转向轮廓线上，可由水平投影 1、2、3、4 和侧面投影 1″、2″、3″、4″，直接求出正面投影 1′、2′、3′、4′。

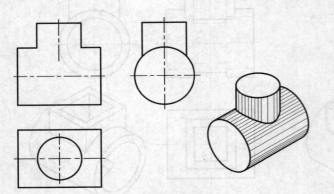

图 4-14　圆柱体与圆柱体相交

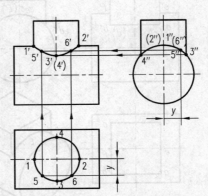

图 4-15　利用积聚性求两圆柱体相贯线的画法

（2）求一般点。在相贯线的侧面投影上任取一重影点 5″、（6″），找出水平投影 5、6，再由水平投影和侧面投影作出正面投影 5′、6′。

（3）光滑连接各点的正面投影，即完成作图，由于相贯线前、后对称，因而其正面投影重合。

正交两圆柱体的相贯线，是最常见的相贯线，应熟悉它的画法。当对相贯线形状的准确度要求不高时，该相贯线可以采用近似画法，即用大圆柱体的半径画圆弧来代替它，如图 4-16 所示。

图 4-17 所示为常见的两圆柱体轴线垂直相交的 3 种形式，相贯线可以表现在外表面也可以表现在内表面，但它们的相贯线形状和作图方法都是相同的。

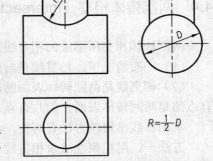

图 4-16　正交圆柱体相贯线的近似画法

$R=\frac{1}{2}D$

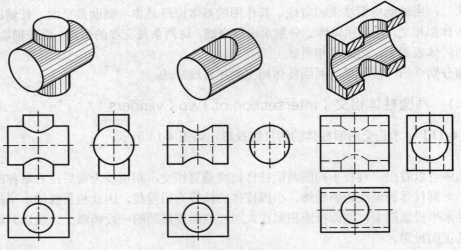

（a）两外表面相交　　　（b）外表面与内表面相交　　　（c）两内表面相交

图 4-17　两圆柱体相交的 3 种形式

图 4-18 所示为两圆柱轴线垂直相交，当圆柱的直径变化时，其相贯线的变化情况。当两圆柱直径不相等时，相贯线在平行于两圆柱轴线的投影面上投影是曲线，曲线的弯曲方向总是朝向大圆柱的轴线，如图 4-18（a）、（c）所示。当两圆柱直径相等时，其相贯线为椭圆，其投影变为两条相交的直线，如图 4-18（b）所示。

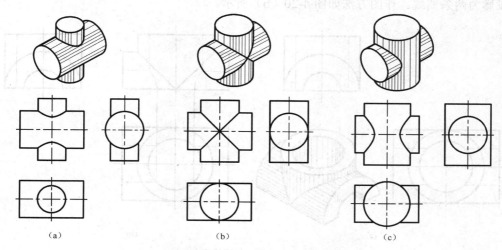

(a)　　　　　　　　　　(b)　　　　　　　　　　(c)

图 4-18　圆柱体直径变化时相贯线的变化

【例 4-12】　　求两圆筒垂直相交的相贯线的投影，如图 4-19 所示。

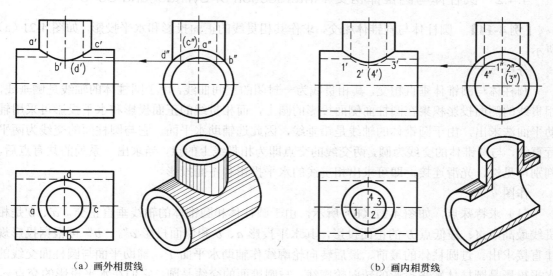

（a）画外相贯线　　　　　　　　　　（b）画内相贯线

图 4-19　两正交圆筒的相贯线

分析

从图中可以看出，两圆筒的轴线垂直相交，圆筒内外表面都有相贯线。相贯线为前后左右对称的空间曲线，由于大圆筒的轴线为侧垂线，小圆筒的轴线为铅垂线，因此内、外相贯线的水平投影分别积聚在小圆筒水平投影的圆周上，相贯线的侧面投影分别积聚在大圆筒的侧面投影圆周的一部分，只有其正面投影需要求作。作图方法参见图 4-19。

【例4-13】 如图 4-20 所示，已知物体的俯视图和左视图，求作主视图。

分析

由立体图可知该物体为圆筒和半圆筒正交，其外表面为等直径的两圆柱面相交，相贯线为椭圆，正面投影为两条相交直线，内表面为不等直径的两圆柱面相交，相贯线为空间曲线，正面投影为两条曲线。作图方法如图 4-20 (b) 所示。

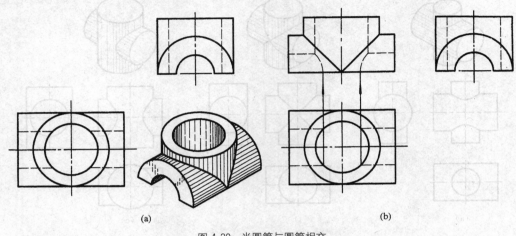

图 4-20 半圆筒与圆筒相交

4.4.2 圆柱体与圆锥体相交 (Intersection of Cylinder and Cone)

【例4-14】 圆柱体与圆锥体相交，求作其相贯线的正面投影和水平投影，如图 4-21 (a) 所示。

分析

圆柱体与圆锥体垂直相交，其相贯线为一封闭的空间曲线，由于圆柱体的轴线是侧垂线，相贯线的侧面投影积聚在圆柱面侧面投影的圆上，而相贯线的正面投影和水平投影可采用辅助平面法求出，由于圆锥体的轴线是铅垂线，因此选辅助水平面，它与圆柱面的交线为两平行直线，与圆锥体的交线为圆，两交线的交点即为相贯线上的点，当求出一系列的共有点后，判别可见性，光滑连接，即可求出相贯线的水平投影和正面投影。

作图

(1) 求特殊点，如图 4-21 (b) 所示，由于圆柱体和圆锥体的轴线垂直正交，a'、b' 是相贯线最高点 A、最低点 B 的正面投影，其水平投影 a、b 和侧面投影 a''、b'' 可根据投影规律直接求出。过圆柱体的最前、最后转向轮廓线作辅助水平面 P，辅助平面与圆柱面交线的水平投影是圆柱体水平投影的转向轮廓线，与圆锥面的交线是圆，它们在水平投影的交点 c、d，就是相贯线最前点 C、最后点 D 的水平投影，也是相贯线水平投影可见与不可见的分界点。由水平投影 c、d 和侧面投影 c''、d''，求得正面投影 c'、d'。

(2) 求一般点，如图 4-21 (c) 所示，用辅助平面法可求出适当数量的一般点，如作辅助水平面 Q，Q 平面与圆柱面的交线为两平行直线，与圆锥面的交线为圆，根据侧面投影求其水平投影直线与圆的交点为 e、k，将 e、k 投影至 Q_V，即得其正面投影 e'、k'，同理还可选辅助水平面 R 作图，求出 g、h 和 g'、h' 的投影。

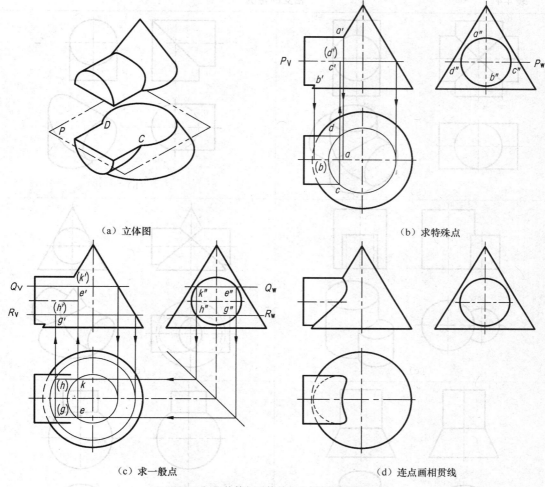

（a）立体图　　　　　　　　　　　（b）求特殊点

（c）求一般点　　　　　　　　　　（d）连点画相贯线

图 4-21　圆柱体与圆锥体相交时相贯线的画法

（3）连相贯线，判别可见性，将上述所作的各共有点的投影光滑连接起来，即得圆柱体和圆锥体相交的相贯线投影。注意 *c*、*d* 是俯视图相贯线上虚、实分界点，在主视图上，圆锥与圆柱相贯部分，*a'* 和 *b'* 之间的圆锥体轮廓线不存在，如图 4-21（d）所示。

4.4.3　两回转体相交的特例（Sepecial Cases of Intersections of Two Revolution Solids）

两回转体的相交线一般为空间曲线，但当处于下列情况时，其相贯线为平面曲线或直线。

（1）等直径两圆柱体轴线正交，其相贯线为椭圆，如表 4-4 中图（a）、（b）所示。

（2）两相交的圆柱体轴线平行，其相贯线为平行于轴线的两直线，如表 4-4 中图（c）所示。

（3）外切于同一球面的圆锥体与圆柱体相交，其相贯线为椭圆，如表 4-4 中图（d）所示。

（4）两回转体具有公共轴线时，其表面的相贯线为圆，如表 4-4 中图（e）、（f）所示。

表 4-4 相交的特例

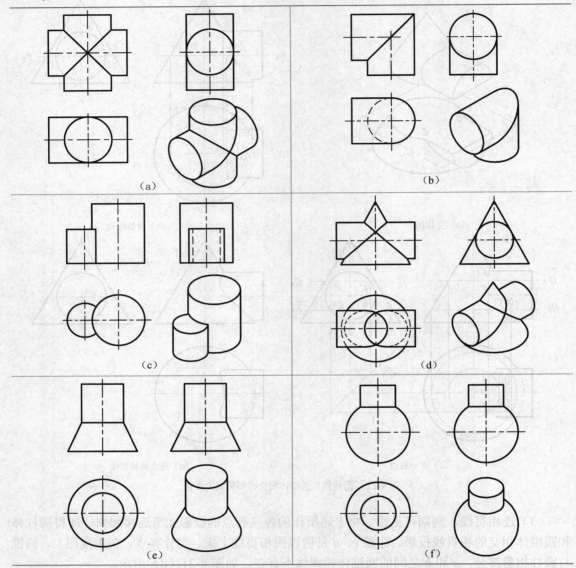

（a） （b）

（c） （d）

（e） （f）

第5章 轴测图

(Axonometric Projection)

工程上一般采用正投影法绘制物体的三视图，如图 5-1（a）所示，这种图能准确地表达物体的形状和大小，作图简便，是工程上广泛使用的图示方法；其缺点是缺乏立体感，必须具有一定读图能力的人才能读懂，因此在工程上有时也需要采用立体感强的轴测图作为辅助的表达方法，如图 5-1（b）所示。

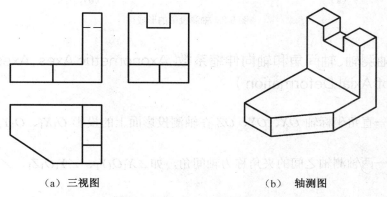

（a）三视图　　　　　　　　　　　　　（b）轴测图

图 5-1　三视图与轴测图

5.1　轴测图的基本知识（Axonometric Projection Fundamentals）

5.1.1　轴测图的形成（Form of Axonometric Projection）

将物体连同确定其空间位置的直角坐标系，沿不平行于任一坐标面的方向，用平行投影法投射在单一投影面（轴测投影面）上所得的图形称为轴测图。

轴测图的形成方法有两种：用正投影法形成的轴测图称为正轴测图；用斜投影法形成的轴测图，称为斜轴测图。

1. 正轴测图（Normal Axonometric Projection）

如图 5-2（a）所示，通过改变物体位置，使 3 个直角坐标轴均倾斜于轴测投影面，用正投影法进行投射，所得的具有立体感的轴测图称为正轴测图。

2．斜轴测图（Oblique Axonometric Projection）

如图 5-2（b）所示，物体相对投影面的位置不变，采用斜投影法进行投射，选取合适的投射方向，使物体的长、宽、高 3 个方向的形状均能反映在轴测投影面上，这种具有立体感的轴测图称为斜轴测图。

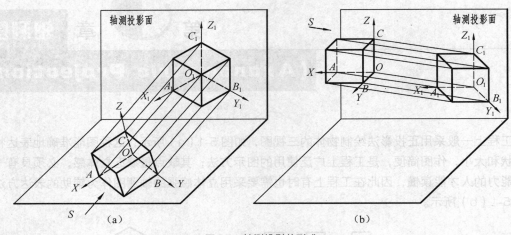

图 5-2　轴测投影的形成

5.1.2　轴测轴、轴间角和轴向伸缩系数（Axonometric Axes，Axes Angles and Coefficient of Axial Deformation）

轴测轴——直角坐标轴 OX、OY、OZ 在轴测投影面上的投影 O_1X_1、O_1Y_1、O_1Z_1 称为轴测轴。

轴间角——两轴测轴之间的夹角称为轴间角，如 $\angle X_1O_1Y_1$、$\angle Y_1O_1Z_1$、$\angle X_1O_1Z_1$ 称为轴间角。

轴向伸缩系数——在空间三坐标轴上，分别取长度 OA、OB、OC，它们的轴测投影长度为 O_1A_1、O_1B_1、O_1C_1，令 $p = \dfrac{O_1A_1}{OA}$，$q = \dfrac{O_1B_1}{OB}$，$r = \dfrac{O_1C_1}{OC}$，则 p、q、r 分别称为 O_1X_1、O_1Y_1、O_1Z_1 轴的轴向伸缩系数。

5.1.3　轴测图的种类（Types of Axonometric Projection）

轴测图按投射方向不同，分为正轴测图和斜轴测图两大类。

根据轴向伸缩系数的不同，这两类轴测图又可分别分为下面 3 种。

（1）当 3 个轴向伸缩系数相等，即 $p=q=r$ 时，称为正等轴测图或斜等轴测图。

（2）当两个轴向伸缩系数相等，即 $p=r \neq q$ 时，称为正二等轴测图或斜二等轴测图。

（3）当 3 个轴向伸缩系数均不相等，即 $p \neq q \neq r$ 时，称为正三轴测图或斜三轴测图。

本章主要介绍工程中常用的正等轴测图和斜二等轴测图画法。

5.1.4 轴测图的投影特性（Projection Characteristics of Axonemetric Projection）

由于轴测图采用的是平行投影法，所以轴测图具有平行投影的特性。

（1）物体上互相平行的直线，轴测投影后仍互相平行；物体上平行于坐标轴的直线，轴测投影后仍平行于相应的轴测轴。

（2）凡与坐标轴平行的线段，其伸缩系数与相应的轴向伸缩系数相同。

5.2 正等轴测图的画法（Construction of Isometric Projection）

5.2.1 正等轴测图的轴间角和轴向伸缩系数（Axes Angle and Cofficient of Axial Deformation of Isometric Projection）

当物体的 3 根坐标轴与投影面的倾角都是 $35°16'$，所得正等轴测图的 3 个轴间角都是相等的，$\angle X_1O_1Y_1 = \angle X_1O_1Z_1 = \angle Z_1O_1Y_1 = 120°$，作图时一般将 O_1Z_1 轴画成铅垂位置，使 O_1X_1、O_1Y_1 轴与水平线成 $30°$，如图 5-3 所示。正等轴测图的 3 个轴向伸缩系数都相等，即 $p = q = r = \cos 35°16' \approx 0.82$，作图时为了简便，采用 $p = q = r = 1$ 的简化伸缩系数，这样所画的正等轴测图比按理论伸缩系数作图放大了 1.22 倍（$\frac{1}{0.82} = 1.22$），如图 5-4

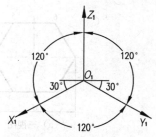

图 5-3 正等轴测图的轴间角

所示，但对表达形体的立体形状没有影响，因此我们均按简化伸缩系数 1 作图。

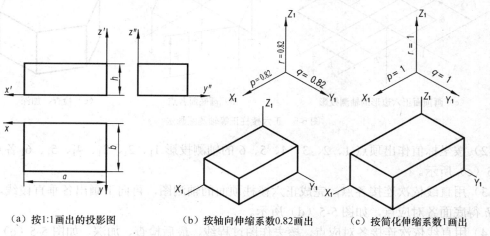

（a）按1:1画出的投影图　　　（b）按轴向伸缩系数0.82画出　　　（c）按简化伸缩系数1画出

图 5-4 轴向伸缩系数和简化伸缩系数比较

5.2.2 平面立体正等轴测图画法（Construction of Isometric Projection of Polyhedral Solid）

在画轴测图时，对于物体上平行于各坐标轴的线段，只能沿着平行于相应轴测轴的方向画，并可直接度量其尺寸。当所画线段不与坐标轴平行时，决不可在图上直接度量，而应根据线段两端点的 X、Y、Z 坐标分别画出轴测图，然后连线得到该线段的轴测图。下面举例说明画平面立体正等轴测图的方法。

1. 坐标法（Coordinate Method）

根据物体的特点，选取合适的坐标原点，画轴测轴，按物体各顶点坐标关系，画出轴测图，然后再连接各点，所画轴测图的方法称为坐标法。

【例 5-1】 根据图 5-5（a）所示的三视图，绘制六棱柱的正等轴测图。

作图

（1）为了便于作图，取六棱柱顶面的中心点为坐标原点 O，画轴测轴，如图 5-5（b）所示。

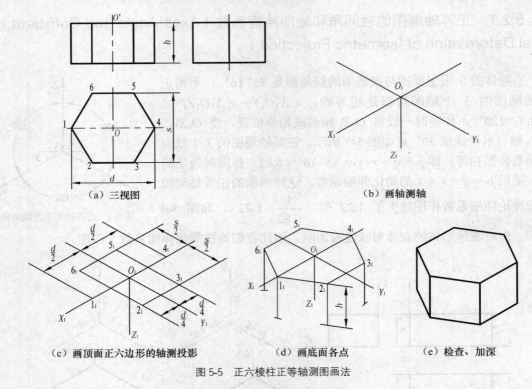

（a）三视图 　　　　　　　　　　　　　　　（b）画轴测轴

（c）画顶面正六边形的轴测投影 　　　（d）画底面各点 　　　（e）检查、加深

图 5-5　正六棱柱正等轴测图画法

（2）按坐标值作出顶点 1、2、3、4、5、6 的轴测投影 1_1、2_1、3_1、4_1、5_1、6_1 各点，如图 5-5（c）所示。

（3）用直线依次连接各点，完成正六棱柱顶面的轴测图，再向下画出各垂直棱线，量取高度 h 得底面各对应点，如图 5-5（d）所示。

（4）用直线依次连接各对应点，擦去作图过程线，最后检查、加深，如图 5-5（e）所示。在轴测图中，不可见的线一般不画出。

2. 切割法（Subtraction Method）

切割式的物体，可先画出它的基本形体，再按形成过程，逐步切割，完成轴测图，此法称为切割法。

【例5-2】 根据平面立体的三视图，画出它的正等轴测图，作图步骤如图5-6所示。

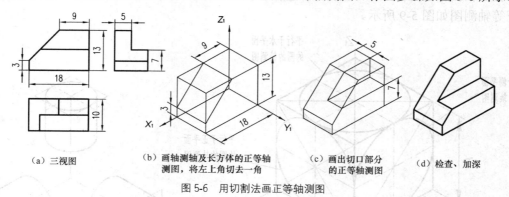

(a) 三视图　　(b) 画轴测轴及长方体的正等轴　　(c) 画出切口部分　　(d) 检查、加深
　　　　　　　测图，将左上角切去一角　　　　的正等轴测图

图5-6　用切割法画正等轴测图

3. 组合法（Union Method）

用形体分析法，将比较复杂的物体分成若干个基本形体，然后按各部分的相互关系，逐步画出它们的轴测图的方法称为组合法。

【例5-3】 根据平面立体的三视图，画出它的正等轴测图，作图步骤如图5-7所示。

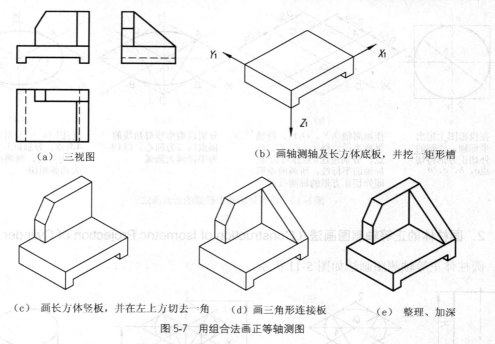

(a) 三视图　　　　　　　(b) 画轴测轴及长方体底板，并挖一矩形槽

(c) 画长方体竖板，并在左上方切去一角　　(d) 画三角形连接板　　(e) 整理、加深

图5-7　用组合法画正等轴测图

5.2.3 回转体正等轴测图画法（Construction of Isometric Projection of Revolution Solid）

1. 平行于坐标面的圆的正等轴测图画法（Construction of Isometric Projection of Circle in Coordinate Plane or Plane Parallel to Coordinate Plane）

根据理论分析，平行于坐标面的圆的正等轴测投影都是椭圆，椭圆的长轴方向与该坐标

面垂直的轴测轴垂直；短轴方向与该轴测轴平行，如图5-8所示。轴线平行于坐标轴的圆柱体正等轴测图如图5-9所示。

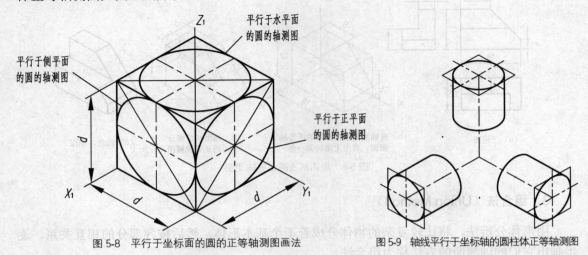

图5-8 平行于坐标面的圆的正等轴测图画法　　　图5-9 轴线平行于坐标轴的圆柱体正等轴测图

为了简化作图，椭圆通常采用近似画法，图5-10介绍了用菱形四心法画椭圆的具体步骤。

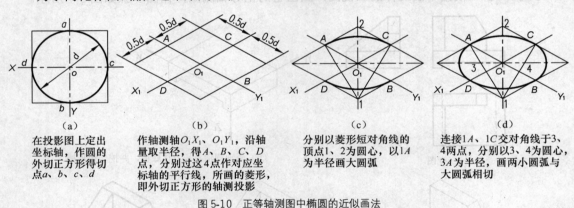

（a）

在投影图上定出坐标轴，作圆的外切正方形得切点a、b、c、d

（b）

作轴测轴O_1X_1、O_1Y_1，沿轴量取半径，得A、B、C、D点，分别过这4点作对应坐标轴的平行线，所画的菱形，即外切正方形的轴测投影

（c）

分别以菱形短对角线的顶点1、2为圆心，以1A为半径画大圆弧

（d）

连接1A、1C交对角线于3、4两点，分别以3、4为圆心，3A为半径，画两小圆弧与大圆弧相切

图5-10 正等轴测图中椭圆的近似画法

2. 圆柱体的正等轴测图画法（Construction of Isometric Projection of Cylinder）

圆柱体正等轴测图画法如图5-11所示。

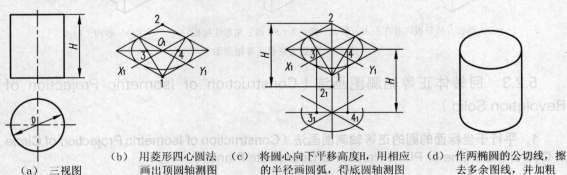

（a）三视图

（b）用菱形四心圆法画出顶圆轴测图

（c）将圆心向下平移高度H，用相应的半径画圆弧，得底圆轴测图

（d）作两椭圆的公切线，擦去多余图线，并加粗

图5-11 圆柱体的正等轴测图画法

3. 圆台的正等轴测图画法（Construction of Isometric Projection of Cylinder）

圆台轴测图的画法和圆柱体轴测图画法类似，作图时分别作出圆台两端面的椭圆，再作公切线即可，如图 5-12 所示。

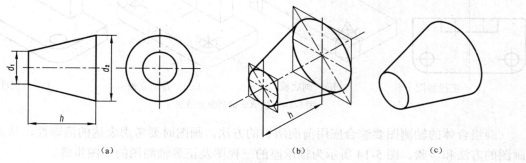

图 5-12　圆台正等测图的画法

4. 圆角的正等轴测图画法（Construction of Isometric Projection of Round or Fillet）

图 5-13（a）所示的圆角平板，圆角为 1/4 圆柱面，其轴测图简便画法如图 5-13 所示。

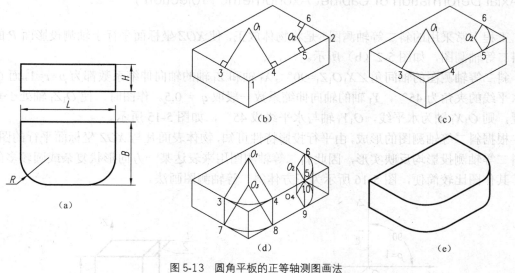

图 5-13　圆角平板的正等轴测图画法

（1）作出长方板的正等轴测图，自角点 1、2 两点沿棱线分别截取半径 R 得 3、4、5、6 四点，过此四点分别作各棱线的垂线，得垂线的交点 O_1 及 O_2，如图 5-13（b）所示。

（2）以 O_1 为圆心，$O_1 3$ 为半径作圆弧 $\widehat{34}$，以 O_2 为圆心，$O_2 5$ 为半径作圆弧 $\widehat{56}$，如图 5-13（c）所示。

（3）将 O_1、3、4 及 O_2、5、6 各点向下平移，高度 H 为板厚，作圆弧 $\widehat{78}$ 及 $\widehat{910}$，作 $\widehat{56}$ 及 $\widehat{910}$ 的公切线，如图 5-13（d）所示。

（4）整理、描深完成全图，如图 5-13（e）所示。

【例 5-4】　根据组合体的视图，画出它的正等轴测图，如图 5-14（a）所示。

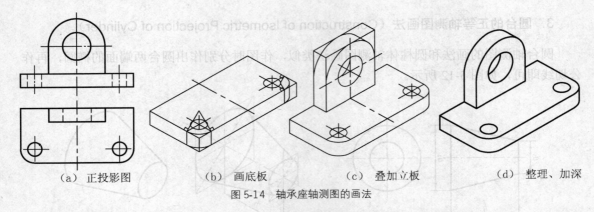

（a）正投影图　　　　　　（b）画底板　　　　　　（c）叠加立板　　　　　　（d）整理、加深

图 5-14　轴承座轴测图的画法

画组合体的轴测图要综合应用前面所讲的方法，画图时要考虑表达的清晰性，从而确定画图的方法和步骤。图 5-14 所示为轴承座的三视图及正等轴测图的作图步骤。

5.3　斜二等轴测图的画法（Construction of Cabinet Axonometric Projection）

5.3.1　斜二等轴测图的轴间角和轴向伸缩系数（Axes Angle and Coefficient of Axial Deformation of Cabinet Axonometric Projection）

工程上常采用的斜二等轴测图，是将物体放正，使 XOZ 坐标面平行于轴测投影面 P 的正面斜二等轴测图，如图 5-2（b）所示。

斜二等轴测图的轴间角 $\angle X_1 O_1 Z_1 = 90°$，X_1 轴和 Z_1 轴的轴向伸缩系数都为 $p = r = 1$，而 $O_1 Y_1$ 与水平线的夹角为 45°，Y_1 轴的轴向伸缩系数一般取 $q = 0.5$。作图时，使 $O_1 Z_1$ 轴处于垂直位置，则 $O_1 X_1$ 轴为水平线，$O_1 Y_1$ 轴与水平线成 45°，如图 5-15 所示。

根据斜二等轴测图的形成，由平行投影特性可知，物体表面凡与 XOZ 坐标面平行的图形，其斜二等轴测投影均反映实形，因此斜二等轴测图用来表达某一方向形状复杂或圆较多的物体，其作图比较简便，图 5-16 所示为正方体斜二等轴测图画法。

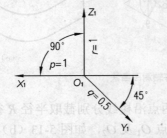

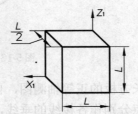

图 5-15　斜二等轴测图的轴间角和轴向伸缩系数　　　图 5-16　正方体的斜二等轴测图

5.3.2　平行于坐标面的圆的斜二等轴测图画法（Construction of Cabinet Axonometric Projection of Circle in Coordinate Plane or Plane Parallel to Coordinate Plane）

凡与正面平行的圆，其轴测投影仍是圆，与侧面和水平面平行的圆，其轴测投影是椭圆，

水平面上椭圆的长轴相对 X_1 轴偏转 $7°$ ，侧面上椭圆的长轴相对 Z_1 轴偏转 $7°$ ，如图 5-17 所示。

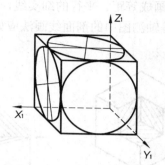

图 5-17 圆的斜二等轴测图画法

5.3.3 斜二等轴测图画法(Construction of Cabinet Axonometric Projection)

斜二等轴测图的画法和正等轴测图的画法基本相同，只是轴间角和轴向伸缩系数不同。画图时要特别注意 Y_1 轴的轴向伸缩系数为 0.5，度量 Y 方向尺寸画图时必须要缩短一半。斜二等轴测图的作图步骤如图 5-18 所示。

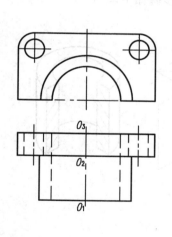

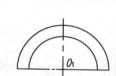

（b） 画轴测轴，以 O_{11} 为圆心画半圆筒前端面的图形

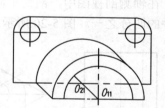

（c） 量取 $O_{21}O_{11}=\frac{1}{2}O_2O_1$，以 O_{21} 为圆心，画出半圆筒及竖板前面的图形

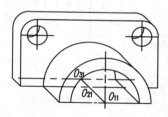

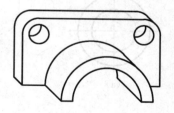

（a） 确定 O_1，O_2，O_3 点的位置

（d） 量取 $O_{31}O_{21}=\frac{1}{2}O_3O_2$，以 O_{31} 为圆心，画出半圆筒后面及竖板后面的图形

（e） 整理，加深

图 5-18 组合体斜二等轴测图的作图步骤

5.4 轴测剖视图画法 （Construction of Axonometric Section Views）

为了在轴测图上表示机件的内外结构形状，可假想用剖切平面将机件的一部分剖去，这种剖切后的轴测图称为轴测剖视图。

5.4.1　剖面符号的画法　（Representation of Section Symbol）

在轴测剖视图中，剖面线应画成等距、平行的细实线，剖面线方向在正等轴测图中的画法如图 5-19（a）所示，在斜二等轴测图中的剖面线画法应如图 5-19（b）所示。

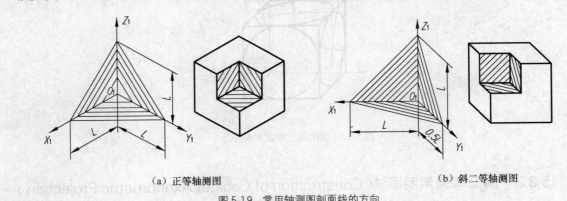

（a）正等轴测图　　　　　　　　　（b）斜二等轴测图

图 5-19　常用轴测图剖面线的方向

5.4.2　画图步骤（Drafting Steps）

在轴测剖视图中，剖切平面应平行于坐标面，常用两个剖切平面沿两个坐标面方向切掉机件的四分之一。图 5-20 所示为圆筒的轴测剖视图的画法，作图步骤如下。

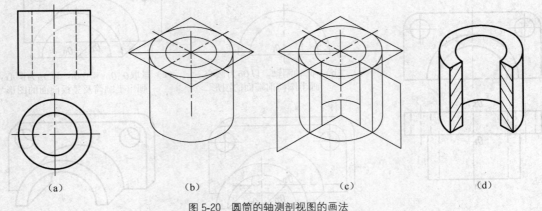

（a）　　　　　（b）　　　　　（c）　　　　　（d）

图 5-20　圆筒的轴测剖视图的画法

第6章 组合体 (Composite Solids)

任何复杂的物体，从形体分析的角度来看，都可认为是由一些基本几何体按一定的形式及相对位置组合而成。本章着重讨论组合体画图、读图及尺寸标注的方法。

6.1 组合体的组合方式及其表面的连接形式（Configuration of Composite Solid and Connection Types of its Surfaces）

6.1.1 组合体的组合方式（Configuration of Composite Solid）

组合体有 3 种组合方式，即叠加式组合、切割式组合和综合式组合。

1. 叠加式组合（Union）

由两个或两个以上的基本形体叠加而成的形体称为叠加式组合体。

图 6-1 所示物体是一个叠加式组合体，它由底板、竖板、圆柱和两个连接板所组成。

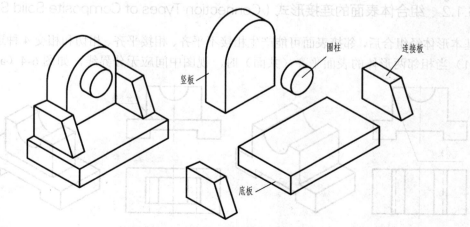

图 6-1 叠加式组合体的形体分析

2．切割式组合（Subtraction）

基本形体被切割或穿孔而形成的形体称为切割式组合体。

图 6-2 所示为切割式组合体，其形成过程可分解成 4 步。

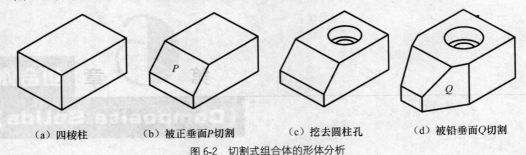

（a）四棱柱　　　（b）被正垂面P切割　　　（c）挖去圆柱孔　　　（d）被铅垂面Q切割

图 6-2　切割式组合体的形体分析

3．综合式组合（Hybrid Construction）

既有叠加又有切割的组合是最常见的组合形式。图 6-3 所示为物体组合过程的分解。

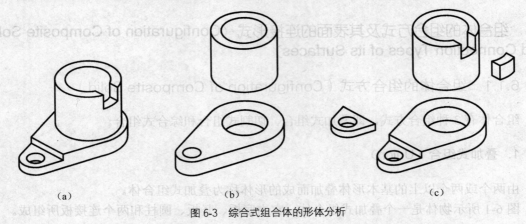

（a）　　　　　　　　（b）　　　　　　　　（c）

图 6-3　综合式组合体的形体分析

6.1.2　组合体表面的连接形式（Connection Types of Composite Solid Surfaces）

基本形体经组合后，邻接表面可能产生相接不平齐、相接平齐、相切和相交 4 种连接形式。

（1）当相邻两形体的表面平齐（共面）时，视图中间应无分界线，如图 6-4（a）所示。

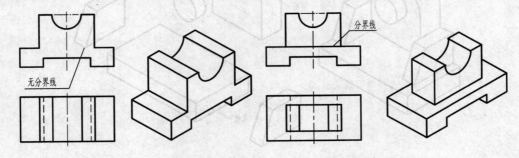

（a）表面平齐画法　　　　　　　（b）表面不平齐画法

图 6-4　两形体表面平齐与不平齐的画法

（2）当相邻两形体的表面不平齐（不共面）时，视图中间应有分界线，如图 6-4（b）所示。

（3）当两形体表面相切时，其相切处是光滑过渡，画图要从反映相切关系的具有积聚性的视图画起。图 6-5（a）所示组合体的底板与圆柱相切，要先画俯视图，找出切点的水平投影 a、b，再按投影规律求出切点的其他两个投影 a'、(b') 和 a''、b''。底板顶面 P 的正面投影应画到切点的正面投影 a' 处，P 面的侧面投影应是两切点的侧面投影 a''、b'' 的连线。由于切线在各个视图中都不画出，所以底板的主、左视图均不封闭，请比较与图 6-5（b）画法的不同。

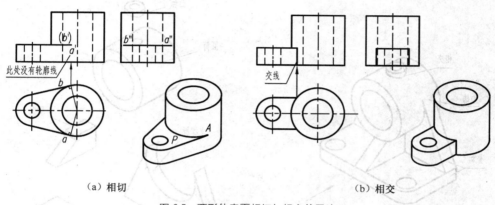

（a）相切　　　　　　　　（b）相交

图 6-5　两形体表面相切与相交的画法

（4）当两形体表面相交时，应画出交线的投影。画图时要正确分析交线的形状，如图 6-6 所示。

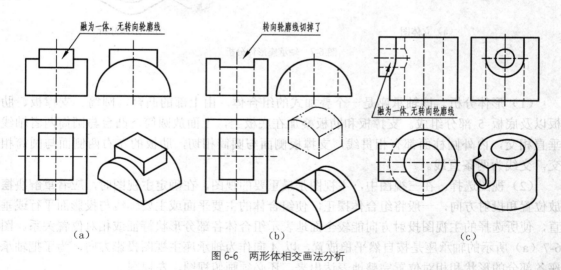

（a）　　　　　　（b）　　　　　　（c）

图 6-6　两形体相交画法分析

6.2　组合体视图的画法（Drawing Views of Composite Solid）

画组合体常用的方法是形体分析法和线面分析法，下面将结合具体实例进行说明。

6.2.1 形体分析法画图（Drawing Views using Shape Analysis Method）

形体分析法是将复杂的组合体分解为若干个基本形体，通过分析各个基本形体的形状、相对位置及表面的连接关系，从而形成对组合形体完整认识的方法称为形体分析法。要准确地画出组合体的三视图，首先应对组合体进行仔细的观察了解，下面以图 6-7 所示轴承座为例，说明用形体分析法画图的方法和步骤。

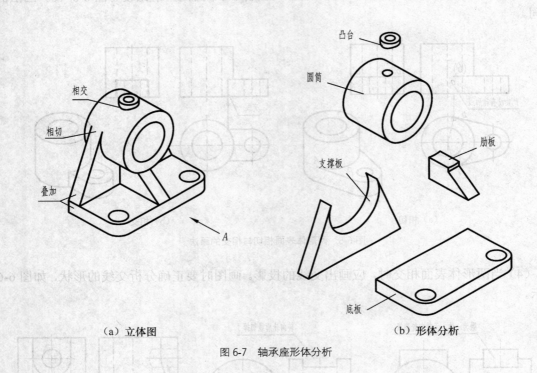

（a）立体图　　　　　　　　　　　　　（b）形体分析

图 6-7　轴承座形体分析

（1）形体分析。该轴承座是一个叠加式的组合体，由上部的凸台、圆筒、支撑板、肋板以及底板 5 部分组成。支撑板和肋板叠加在底板上，上面放圆筒，凸台与圆筒两者轴线垂直相交，内外圆柱面都有相贯线，支撑板侧面与圆筒相切，肋板的左右两侧面与圆筒相交，交线为两条直线。

（2）视图选择。在三视图中，主视图是最重要的视图，在确定主视图时，应着重解决摆放位置和投射方向，一般将组合体摆正，使组合体的主要平面或主要轴线与投影面平行或垂直，使所选择的主视图投射方向能较全面地表示组合体各部分形状特征或相对位置关系。图 6-7（a）所示的轴承座是按自然平稳放置，以 A 向作为轴承座主视图投影方向，为了把轴承座各部分的形状和相对位置完整地表达出来，还必须画俯视图、左视图。

（3）画图步骤。画图时先画主要形体，后画次要形体，先画具有形状特征的视图，并尽可能将几个视图联系起来画，注意各基本形体表面连接关系的相应画法，画图步骤如表 6-1 所示。

表 6-1   轴承座的作图步骤

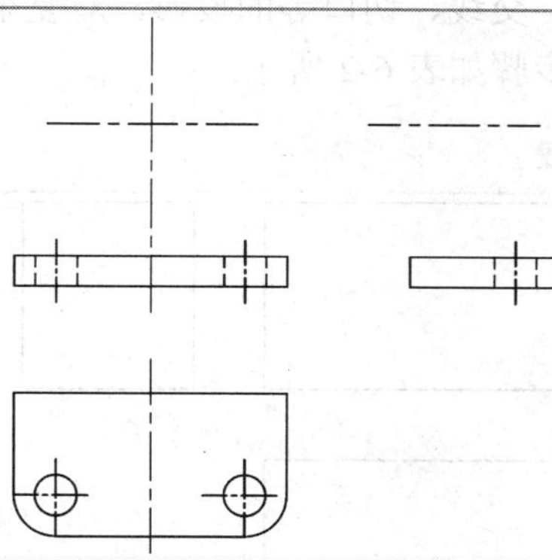

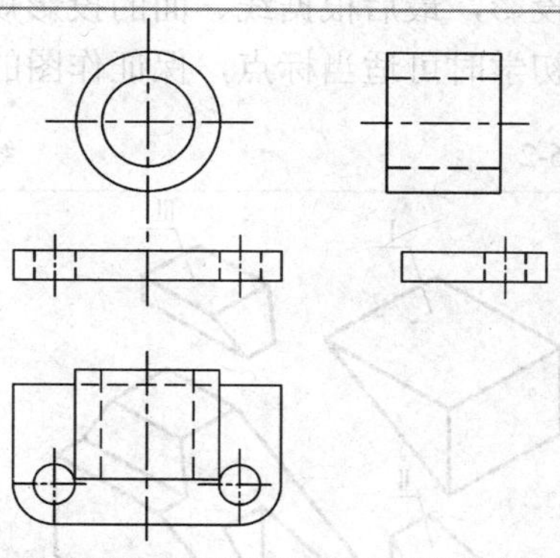

（a）画出基准线和底板三视图

（b）画圆筒的三视图

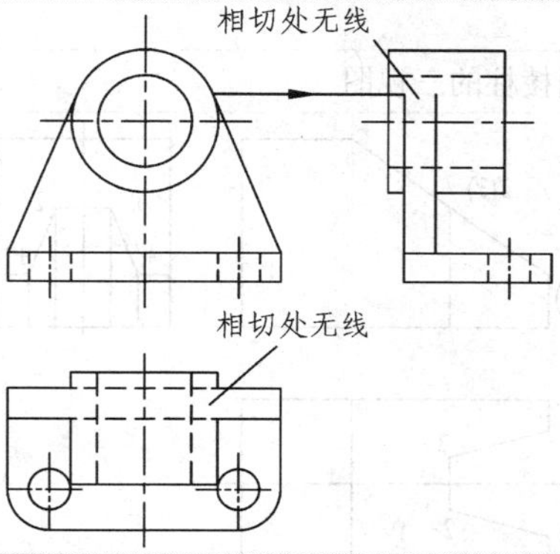

相切处无线

相切处无线

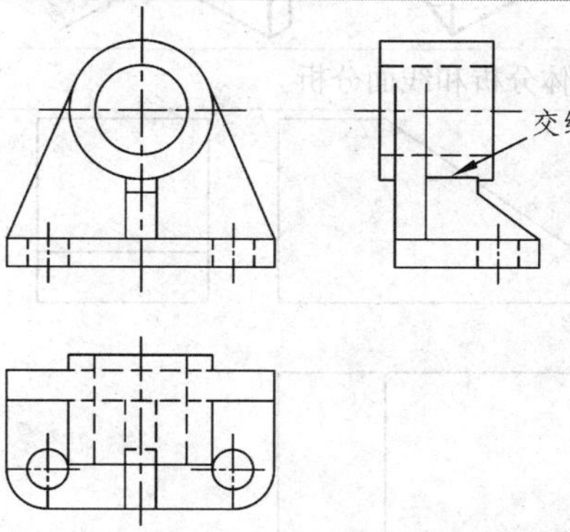

（c）画出支撑板的三视图：先画反映实形的主视图，再画俯、左视图

交线

（d）画出肋板的三视图：先画主视图，再画俯、左视图

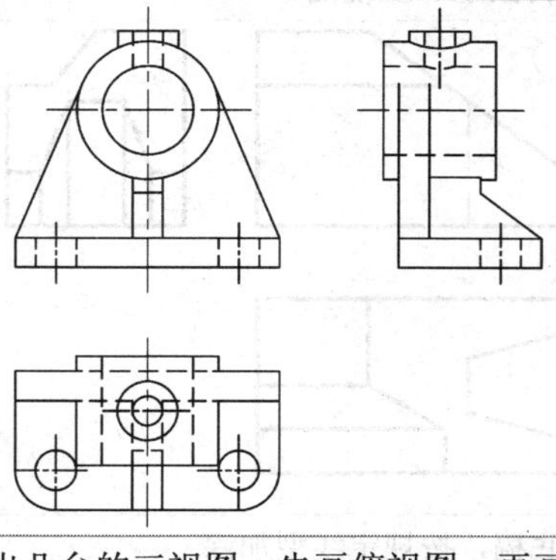

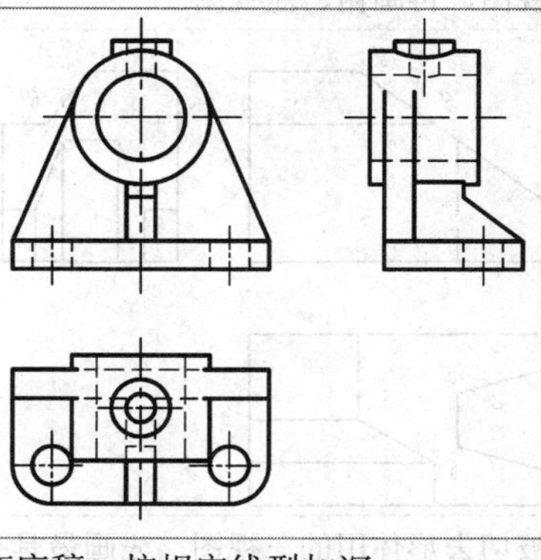

（e）画出凸台的三视图：先画俯视图，再画主、左视图

（f）检查底稿，按规定线型加深

6.2.2 线面分析法画图（Drawing Views using Lines and Planes Analysis Method）

线面分析法是指在形体分析的基础上，对不易表达清楚的局部，运用线面投影特性来分析视图中图线和线框的含义，并表示出线面的形状及其空间相对位置的方法。如表 6-2（a）

所示物体是切割式的组合体，画图时，一般先画出完整基本形体的投影，然后画各截面有积聚性的投影，最后根据线、面的投影规律，画出斜面、交线、切口等的投影，对复杂部分的投影，初学时可适当标点，保证作图的正确，其作图步骤如表 6-2 所示。

表 6-2 　　　　　　　　　　　线面分析法画图步骤

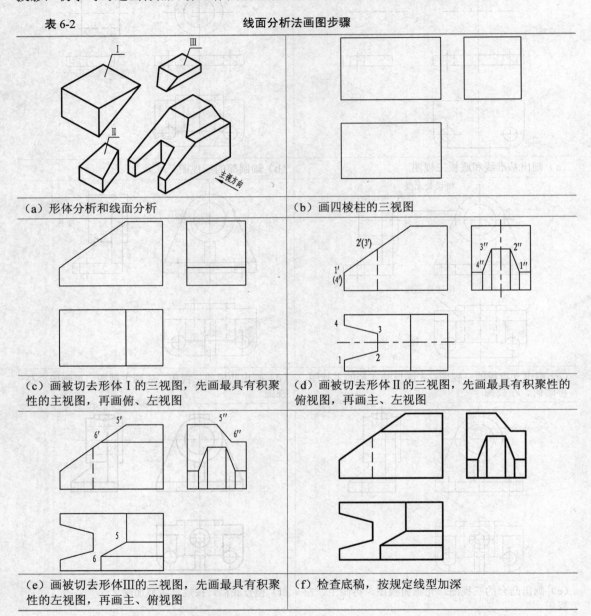

（a）形体分析和线面分析	（b）画四棱柱的三视图
（c）画被切去形体 I 的三视图，先画最具有积聚性的主视图，再画俯、左视图	（d）画被切去形体 II 的三视图，先画最具有积聚性的俯视图，再画主、左视图
（e）画被切去形体Ⅲ的三视图，先画最具有积聚性的左视图，再画主、俯视图	（f）检查底稿，按规定线型加深

6.3　看组合体视图（Reading Views of Composite Solid）

　　画图是把空间物体用正投影方法表达在平面的图纸上，看图是根据已画好的视图，运用投影规律想象出物体的空间形状。要能准确、迅速地看懂视图，需综合运用前面所学的知识，掌握看图的要点和基本方法，不断实践，才能逐步提高看图能力。

6.3.1 看图的要点（Outlines of Reading）

1. 几个视图联系起来看（Considering Relations between Views）

在组合体视图未注尺寸的情况下，一个组合体需要两个或两个以上的视图来表达其形状，因此在看图时，一般从主视图入手，将几个视图联系起来看，才能确定物体的形状。如图 6-8 所示的 4 种不同组合体，它们的主视图都相同，因此仅一个视图不能确定物体的形状。又如图 6-9 所示的三组视图，它们的主、俯视图都相同，但将 3 个视图联系起来看，才能唯一确定 3 种不同形体。

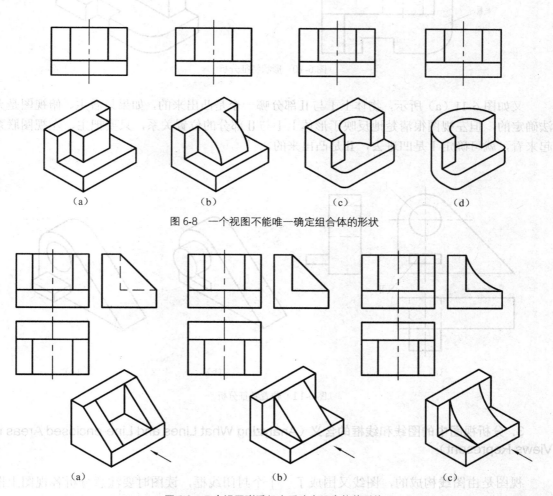

图 6-8　一个视图不能唯一确定组合体的形状

图 6-9　几个视图联系起来看确定组合体的形状

2. 应善于抓住视图中形状与位置特征进行分析（Attentinely Analyzing Shape and Position Characters in Views）

在分析组合体的视图时，可先分析各部分形状特征视图，再分析位置特征视图，最后综合想象出物体的整体构形。图 6-10 所示为物体三视图，其主视图最能反映竖板的形状特征，俯视图最能反映底板的形状特征，左视图最能反映连接板的形状特征，分别想象出每一部分形状，再根据位置特征就可构思出它的整体形状。

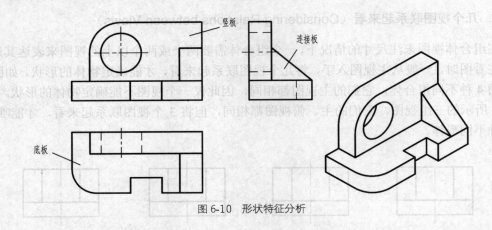

图6-10　形状特征分析

又如图6-11（a）所示，物体上Ⅰ与Ⅱ部分哪一个是凸出来的，如果只看主、俯视图是无法确定的，但左视图很清楚地反映了形体上Ⅰ与Ⅱ部分的位置关系，只要把主、左视图联系起来看，就可确定Ⅰ是凹进去，Ⅱ是凸出来的。

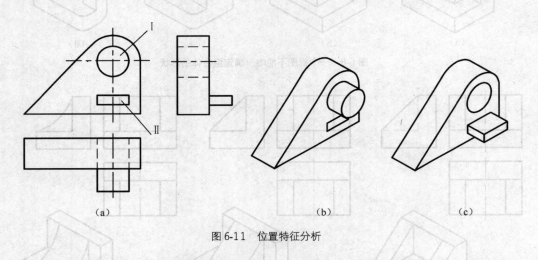

（a）　　　　　　　　　　　（b）　　　　　　　　　　　（c）

图6-11　位置特征分析

3. 分析视图中的图线和线框的含义（Analyzing What Lines and Line-enclosed Areas in Views Represent）

视图是由图线构成的，图线又围成了一个个封闭线框，读图时要注意分析各视图上图线和线框的含义。视图中的粗实线或虚线，可表示具有积聚性面的投影，面与面的交线或转向轮廓线的投影，如图6-12（a）所示。在视图上每一个封闭线框一般表示物体上一个面的投影，不同线框代表不同的面，如P面为铅垂面，水平投影积聚为直线，在正面投影为相似形，图6-12（b）所示Q面是一般位置平面，在三个视图的投影都为类似形，直线ⅠⅡ是Q与R两平面交线，为水平线。画图时各封闭线框所代表的不同面与相应视图的投影应保持"三等"对应关系。

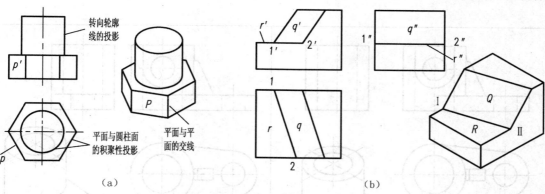

图 6-12 分析视图中的图线和线框

6.3.2 看图的方法（Methods of Reading）

根据已给视图，通过投影分析，想象出物体的空间几何形状的过程叫做看图，组合体看图的基本方法也是形体分析法和线面分析法。

1. 形体分析法看图（Reading Views using Shape Analysis Method）

看图和画图一样以形体分析法为主，一般是从最能反映形状特征的主视图着手，首先按轮廓线构成的封闭线框将组合体分解成几部分，根据投影规律找出在其他视图上的投影，想象出每一部分形状，再根据它们的相对位置、连接关系，综合想象出组合体的整体形状。

【例 6-1】 如图 6-13（a）所示，已知物体的主、俯视图，补画左视图。

分析：该形体是叠加式组合体，常用形体分析法进行分解，看图时，先从主视图着手，结合俯视图，适当按线框划块，分解成 4 个部分，每部分从反映形状特征的视图来分析，逐步看懂每部分的具体形状，再根据位置特征，判断各部分的相对位置和组合形式，综合起来，就能想象出组合体的整体形状，再按照投影规律逐个画出形体的左视图，具体步骤如图 6-13 所示。

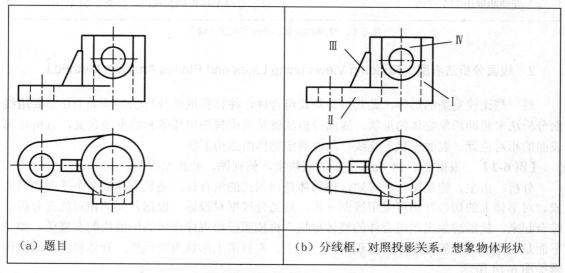

（a）题目	（b）分线框，对照投影关系，想象物体形状

图 6-13 看懂组合体，补画左视图

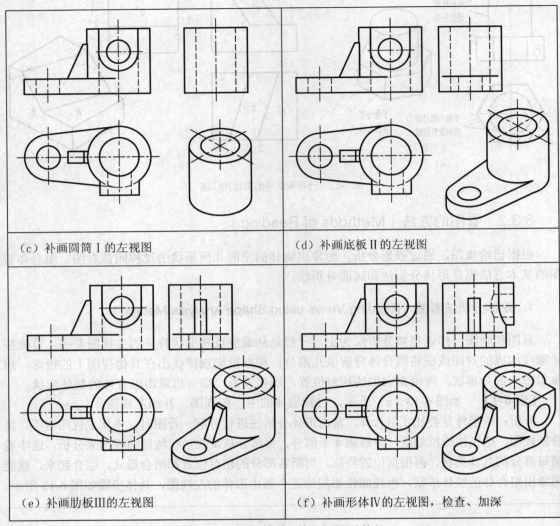

（c）补画圆筒 I 的左视图	（d）补画底板 II 的左视图
（e）补画肋板III的左视图	（f）补画形体IV的左视图，检查、加深

图 6-13　看懂组合体，补画左视图（续）

2．线面分析法看图（Reading Views using Lines and Planes Analysis Method）

对一些比较复杂的形体，尤其是切割式组合体，往往在形体分析法的基础上还需要用线面分析法来帮助想象物体的形状。线面分析法就是根据视图中线条和线框的含义，分析相邻表面的相对位置、表面形状、交线，从而确定物体的结构形状。

【例 6-2】　根据图 6-14（a）所示的嵌块主、俯视图，补画左视图。

分析：由主、俯视图分析可知，该物体是切割式的组合体，是长方体被多个平面切割而成。对形体上的切口开槽可采用线面分析，适当分线框对投影，根据各面的相对位置分析，综合起来，就能想象出该组合体的整体形状，再按照投影规律逐步画出嵌块的左视图，如 P 平面是铅垂面，在俯视图中具有积聚性，在主、左视图上形状为类似形，具体想象和画图步骤如图 6-14 所示。

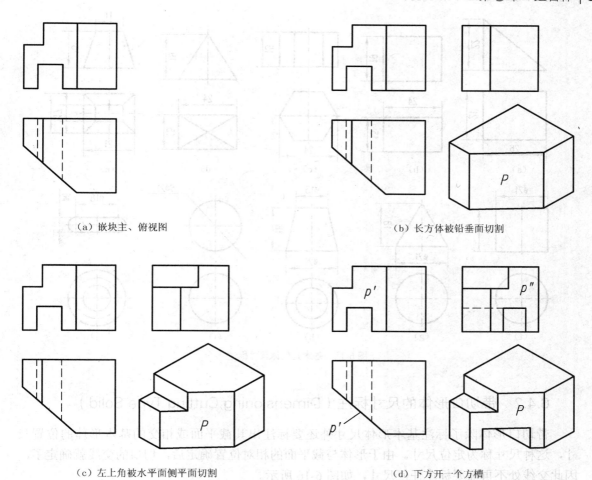

（a）嵌块主、俯视图 （b）长方体被铅垂面切割

（c）左上角被水平面侧平面切割 （d）下方开一个方槽

图 6-14 看懂组合体，补画左视图

6.4 组合体的尺寸标注（Dimensioning Composite Solid）

视图只能表达物体的形状，而物体的大小由标注的尺寸来确定。在图样上标注物体的尺寸应遵守以下原则。

（1）正确性。尺寸标注要符合国家标准（GB/T4458.4—2003）的有关规定。

（2）完整性。尺寸标注必须齐全，不遗漏、不重复，所注尺寸能唯一确定组合体各部分的形状、大小和相对位置。

（3）清晰性。尺寸的布置要整齐、清晰，便于读图。

6.4.1 基本形体的尺寸标注（Dimensioning Basic Solid）

组合体是由基本形体组合而成，基本形体一般要标注长、宽、高 3 个方向的尺寸，即定形尺寸。常见基本形体的尺寸标注如图 6-15 所示。

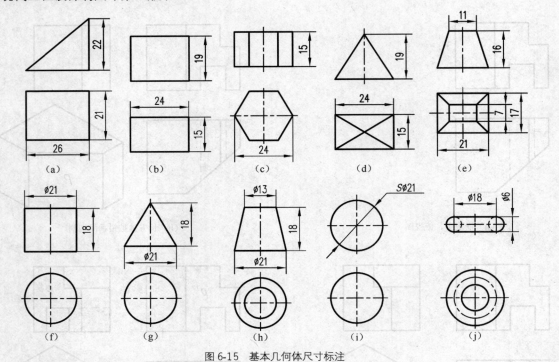

图 6-15　基本几何体尺寸标注

6.4.2　带切口形体的尺寸标注（Dimensioning Cutting Type Solid）

带切口形体除了标注基本形体尺寸外还要标注出其截平面或相交的基本形体的位置尺寸，这种尺寸称为定位尺寸。由于形体与截平面的相对位置确定后，切口的交线就确定了，因此交线处不再需要标注任何尺寸，如图 6-16 所示。

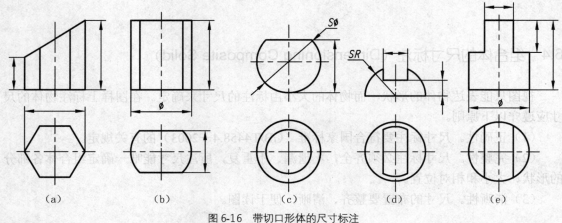

图 6-16　带切口形体的尺寸标注

6.4.3　常见简单形体的尺寸标注（Dimensioning Common Simple Solid）

图 6-17 所示为一些常见简单形体的尺寸标注。

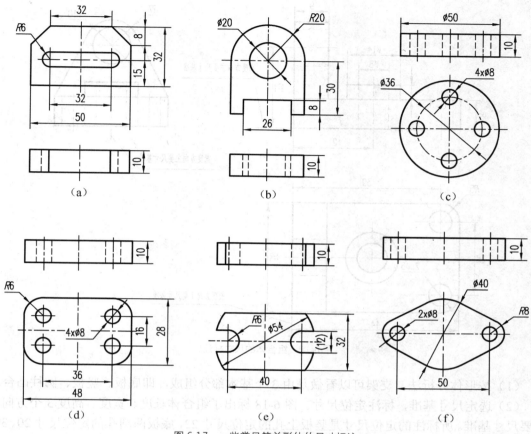

图 6-17　一些常见简单形体的尺寸标注

6.4.4　组合体的尺寸标注（Dimensioning Composite Solid）

组合体一般是由基本形体按不同的形式组合而成的，因此尺寸标注的基本方法仍是形体分析法。

1．尺寸的分类（Types of Dimension）

（1）定形尺寸：确定组合体各部分形状、大小的尺寸。
（2）定位尺寸：确定组合体各组成部分相对位置的尺寸。
（3）总体尺寸：确定组合体总长、总宽、总高的尺寸。

2．尺寸基准（Dimension Datum）

尺寸基准就是标注尺寸的起点，一般选取形体的底面、回转体的轴线、对称平面和主要端面作为尺寸基准。在组合体长、宽、高 3 个方向分别选定尺寸基准。在同一方向上一般只选取一个作为主要尺寸基准，其余为辅助基准。

下面以支架为例，说明组合体尺寸标注的方法，如图 6-18 所示。

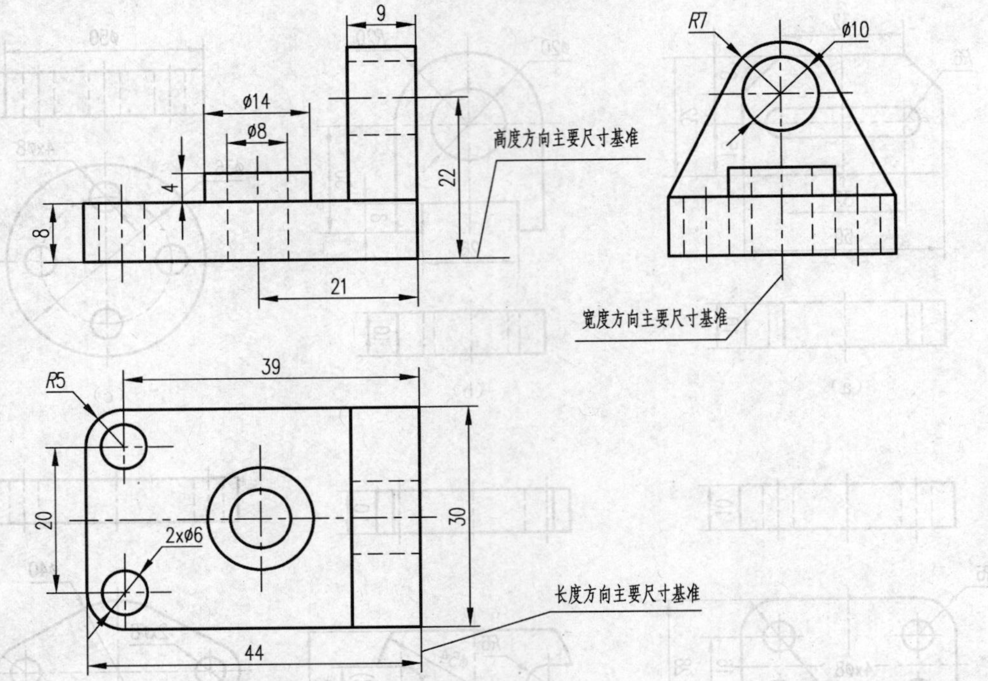

图 6-18 组合体的尺寸标注

（1）按形体分析法，支架可以看做是由 3 个基本部分组成，即底板、竖板、圆柱凸台。

（2）选定尺寸基准，标注定位尺寸。图 6-18 标出了组合体长度、宽度、高度 3 个方向的主要尺寸基准。所标注的定位尺寸是竖板上孔的定位尺寸 22，底板两圆孔的定位尺寸 20、39，圆凸台的定位尺寸 21。

（3）标注各部分的定形尺寸及总体尺寸。

（4）检查尺寸有无重复或遗漏，然后修正、调整。

为了便于读图和查找相关尺寸，尺寸的布置必须整齐、清晰，一般应注意以下几点。

（1）定形尺寸尽可能标注在表示该形体特征最明显的视图上。如图 6-18 所示底板的圆孔和圆角，竖板的圆孔和圆弧，应分别标注在俯视图和左视图上。

（2）同一形体的尺寸相对集中标注，便于读图时查找。如图 6-18 所示底板的长、宽、高尺寸，圆孔的定形、定位尺寸集中标注在俯视图上；竖板的定形、定位尺寸集中标注在左视图上；支架圆柱凸台的定形、定位尺寸集中标注在主视图上。

（3）同方向的平行尺寸，应使小尺寸靠近视图且标注在内，大尺寸标注在外，间距均匀，避免尺寸线和尺寸界线相交。

（4）直径尺寸最好标注在投影为非圆的视图上，不宜集中标注在反映圆的视图上，如 $\phi14$、$\phi8$ 的尺寸是标注在主视图而不是俯视图上。

（5）圆及圆弧的尺寸，当小于或等于半圆时，应标注半径，半径尺寸一定要标注在投影为圆弧的视图上，如竖板圆角半径 $R7$，底板的 $R5$；当大于半圆时，应标注直径。

（6）在截交线和相贯线上标注尺寸是错误的，在虚线上应尽量避免标注尺寸。

（7）尺寸应尽量标注在视图外面，保持视图清晰。

　　以上各要求有时会出现不能完全兼顾的情况，应在保证尺寸正确、完整、清晰的前提下，合理布局。组合体尺寸标注步骤如图 6-19 所示。

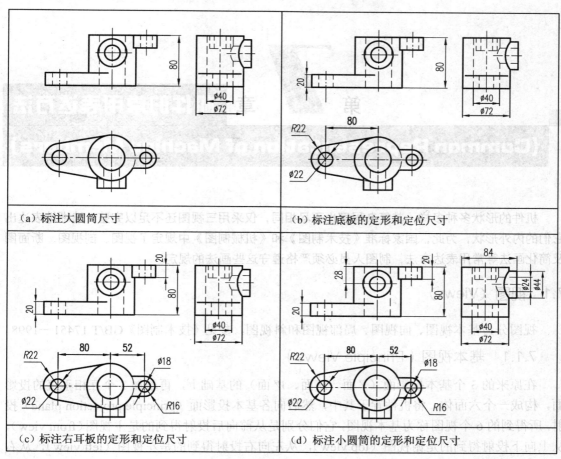

（a）标注大圆筒尺寸　　　　　　　　　　　　　（b）标注底板的定形和定位尺寸

（c）标注右耳板的定形和定位尺寸　　　　　　　（d）标注小圆筒的定形和定位尺寸

图 6-19　组合体的尺寸标注

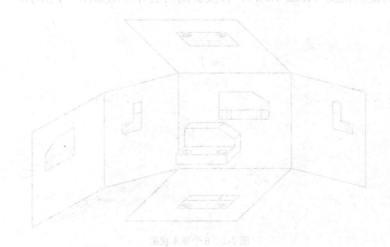

第 7 章 机件的常用表达方法
(Common Representation of Machine Members)

机件的形状多种多样，其复杂程度也不尽相同，仅采用三视图还不足以完整、清晰地表达出它们的内外形状，为此，国家标准《技术制图》和《机械制图》中规定了视图、剖视图、断面图及简化画法等常用表达方法，制图人员必须严格遵守这些画法的规定。

7.1 视图（Views）

视图分为基本视图、向视图、局部视图和斜视图，参见《技术制图》GB/T 17451—1998。

7.1.1 基本视图（Principle Views）

在原来的 3 个基本投影面（V 面、H 面、W 面）的基础上，再增加 3 个互相垂直的投影面，构成一个六面体，将机件置于其中，然后向各基本投影面（principle projection plane）投射，所得到的 6 个视图称为基本视图，它们分别是从前向后投射得到的是主视图（front view），从上向下投射得到的是俯视图（top view），从左向右投射得到的是左视图（left view），从右向左投射得到的是右视图（right view），从下向上投射得到的是仰视图（bottom view），从后向前投射得到的是后视图（Rear view）。各投影面的展开方法如图 7-1 所示。

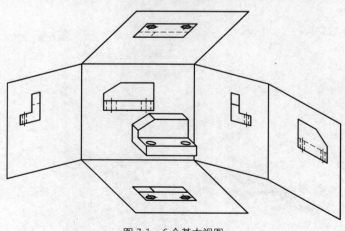

图 7-1   6 个基本视图

6个基本视图按图7-2所示位置配置时，可不标注视图名称，各视图间仍保持"长对正，高平齐，宽相等"的投影关系，实际绘图时，不是任何机件都需要6个基本视图，而是根据机件的结构特点和复杂程度，选用必要的基本视图，一般优先选择主视图、俯视图和左视图。

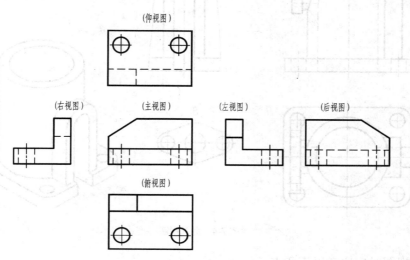

图 7-2　6个基本视图的配置

7.1.2　向视图（Reference Arrow Views）

向视图是可以自由配置的视图。当6个基本视图在同一张图纸内，按图7-2配置时，可以不标注视图名称。若某个视图不能按图7-2配置视图时，为了便于读图，应在向视图的上方用大写拉丁字母标出该向视图的名称，如图7-3中所示的A、B、C，且在相应的视图附近用带字母的箭头指明投射方向。

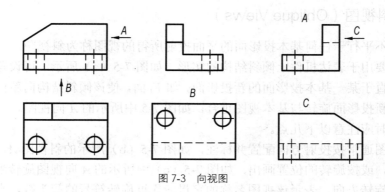

图 7-3　向视图

7.1.3　局部视图（Partial Views）

将机件的某一部分向基本投影面投射所得的视图称为局部视图。如图7-4所示，画出支座的主、俯两个基本视图后仍有两侧的凸台形状没有表达清楚，而这些局部结构没有必要再画出完整的左视图和右视图，仅需用 *A* 和 *B* 两个局部视图表达即可。

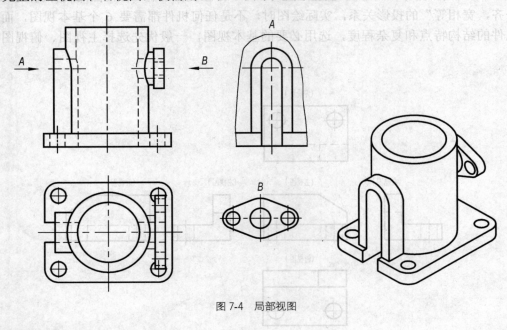

图 7-4 局部视图

画局部视图时应注意以下几点。

（1）一般在局部视图上方标出视图名称"×"，在相应的视图附近用箭头指明投射方向，并注上同样的字母，如图 7-4 中所示局部视图。

（2）当局部视图按投影关系配置，中间又没有其他图形隔开时，可省略标注，如图 7-5 中所示的俯视图。图 7-4 中的 *A* 向局部视图也可省略标注。

（3）局部视图的周边范围用波浪线表示，如图 7-4 中所示的 *A* 向局部视图，但当所表示的局部结构是完整的，且外形轮廓又成封闭线框时，波浪线可省略不画，如图 7-4 中的 *B* 向局部视图。

7.1.4 斜视图（Oblique Views）

将机件向不平行于任何基本投影面的平面投射所得的视图称为斜视图。

斜视图主要用于表达机件上倾斜结构的实形。如图 7-5（a）所示，可设置一个与该倾斜表面平行且垂直于某一基本投影面的新投影面，如 V_1 面，使该倾斜结构向新投影面投影反映实形，然后将新投影面旋转与基本视图重合，如图 7-5 中所示的 *A* 向视图。

画斜视图时应注意以下几点。

（1）斜视图通常按投射方向配置并标注，如图 7-5（b）所示的斜视图 *A*，必要时，也可移到其他地方，或按旋转的位置画出，如图 7-5（c）中所示的 *A* 向视图旋转配置，旋转符号的箭头应指明旋转方向，表示该视图名称的字母应靠近旋转符号的箭头端，也允许将旋转角度写在字母后。

（2）斜视图只用于表达倾斜结构的形状，其余部分不必画出，用波浪线断开，如图 7-5 中所示的 *A* 向视图。

（3）若斜视图上所表达的结构是完整的，且外形轮廓成封闭线框，波浪线可省略不画。

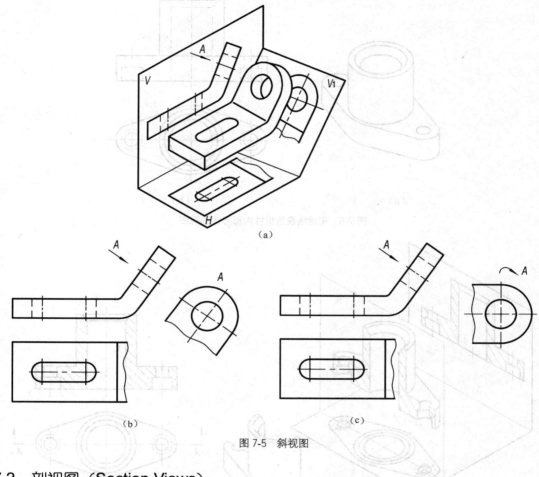

（a）

（b）   （c）

图 7-5 斜视图

7.2 剖视图（Section Views）

7.2.1 剖视图的基本概念（Basic Concepts of Section Views）

1. 剖视图的形成（Form of Section Views）

如图 7-6 所示，当机件的内部结构比较复杂时，在视图中就会出现很多虚线，既不利于看图，也不便于标注尺寸，在这样的情况下，可根据《技术制图》GB/T17452—1998 的规定采用剖视的方法来画图，如图 7-7 所示。

这种假想用剖切面剖开机件，将处在观察者和剖切面之间的部分移去，而将其余部分向投影面投射，所得的图形称为剖视图，简称剖视，与图 7-6 比较可以看出，图 7-7 所示的主视图由于采用了剖视的画法，在所表达内部的结构形状上，比图 7-6 效果更好。

2. 剖视图的画法（Drawing Procedure of Section Views）

（1）确定剖切面（cutting plane）的剖切位置。为了反映机件内部的真实形状，所选的剖切平面一般与某投影面平行，并应通过机件内部孔、槽的轴线或对称面，如图 7-7 所示。

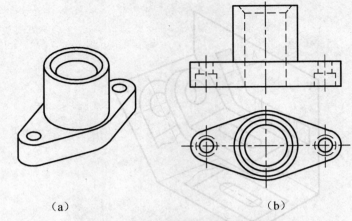

（a）　　　　　　　　　　　　（b）

图 7-6　用虚线表达机件内部形状的视图

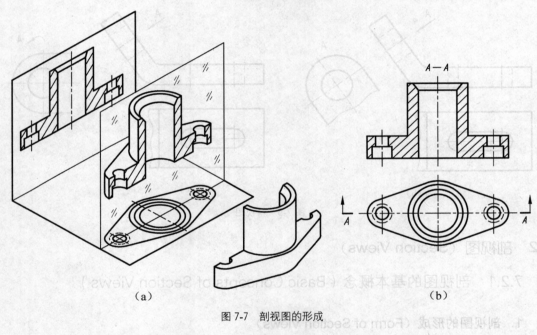

（a）　　　　　　　　　　　　（b）

图 7-7　剖视图的形成

（2）画剖视图。想象清楚剖切后的情况，哪些部分移走了，哪些部分留下了，画图时一般先画整体，后画局部，先画外形轮廓，再画内部结构，注意不要漏画剖切面后方的可见轮廓线，剖切面切到部分要画剖面符号，以区分被剖切到的实体部分和未被剖切到的空心部分，如图 7-8 所示。根据各种机件所使用的不同材料，国家标准（GB/T17453—1998）规定了各种材料的剖面符号，如表 7-1 所示。

3. 剖视图的标注（Labeling of Section Views）

（1）为了便于看图，剖视图一般需要在图的两端标注剖切符号，用箭头标明投射方向，在剖切符号的起、迄处注上相同的字母，并在相应的剖视图上方标明"×—×"，如图 7-7（b）所示。

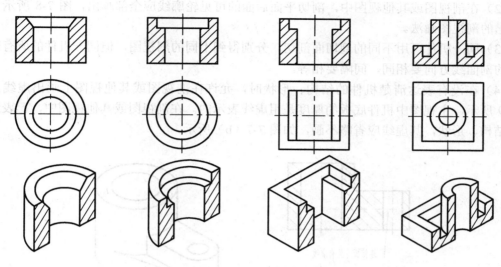

图 7-8 孔、槽剖视图画法

表 7-1　　　　　　　　　　　常见材料剖面符号

材 料 名 称		剖 面 符 号	材 料 名 称	剖 面 符 号
金属材料			玻璃及供观察用的其他透明材料	
非金属材料（已有规定剖面符号者除外）			转子、电枢、变压器和电抗器等的叠钢片	
线圈绕组元件			固体材料	
木材	纵剖面		格网（筛网、过渡网等）	
	横剖面		液体	

（2）当剖视图按投影关系配置，视图中间又无其他图形隔开时，可省略箭头，当单一剖切平面通过零件的对称面，且剖切后的图形按投影关系配置，中间又没有其他视图隔开时，可以不标注，如图 7-8 所示。

4．画剖视图应注意的问题（Some Notable Points for Drawing Section Views）

（1）因为剖切是假想的，所以除剖视图本身外，其余的视图应画成完整的图形。

（2）在剖视图或其他视图中，剖切平面后面的可见轮廓线应全部画出，图 7-8 所示为常见孔槽的剖视图画法。

（3）同一机件可用不同的剖切面剖切，分别得到不同的剖视图，但同一机件的所有剖视图上的剖面线方向要相同，间隔要相等。

（4）在没有表达清楚机件的结构、形状时，允许在剖视图或其他视图上画出虚线，如图 7-9 所示，主视图中机件底板的厚度是用虚线表示的。在剖视图或其他视图中，已表达清楚的结构、形状，其虚线应省略不画，如图 7-7（b）所示。

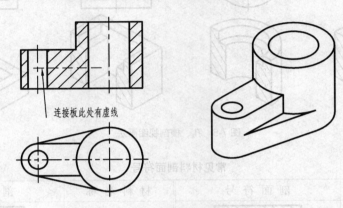

连接板此处有虚线

图 7-9 应画虚线的剖视图

7.2.2　剖视图的种类（Types of Section Views）

1. 全剖视图（Full Section Views）

用剖切面完全地剖开机件所得的剖视图称为全剖视图，如图 7-7～图 7-10 所示均为全剖视图。

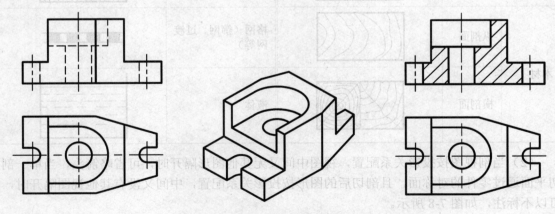

图 7-10 剖视图的画法

当机件外形简单，而内部形状相对较复杂，或外形在其他视图已表达清楚时，为了集中表达机件的内部结构，常采用全剖视图。

2.半剖视图（Half Section Views）

当机件具有对称平面时，向垂直于对称平面的投影面上投射所得的图形，可以对称中心线为界，一半画成剖视图，另一半画成视图，这种剖视图称为半剖视图，如图 7-11 所示。

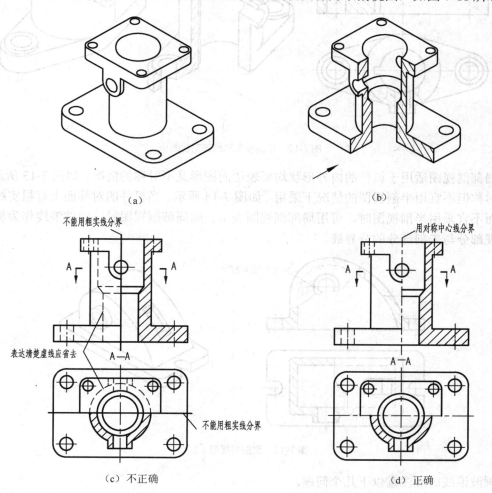

图 7-11　半剖视图

半剖视图适用于对称，且内、外形结构均需要表达的机件。当机件的结构形状接近对称，且不对称部分已在其他图形中表达清楚时，也可采用半剖视图，如图 7-12（a）所示，俯视图已将键槽的形状表达清楚，虽然形体内形不对称，但主视图仍可采用半剖视图。

在半剖视图中，半个外形视图和半个剖视图的分界线是细点画线而不是粗实线，这是初学者最易忽视的问题。因为对称机件的内部形状已在半剖视图中表达清楚，所以在表达外形的半个视图中有关的虚线应该省略，如图 7-11（d）所示。

3.局部剖视图（Partial Section Views）

用剖切平面局部地剖开机件所得的剖视图称为局部剖视图，如图 7-12 所示的俯视图。

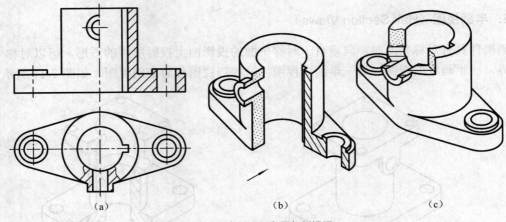

（a）　　　　　　　　　　（b）　　　　　　　　　（c）

图 7-12　半剖视图和局部剖视图

　　局部剖视图适用于机件的内外形状均要表达而图形又不对称的情况，如图 7-13 所示，或图形对称但不宜用半剖视图的情况下采用，如图 7-14 所示。当机件的对称面上有粗实线的轮廓线而不宜采用半剖视图时，可用局部剖视图表示。画局部剖视图时，用波浪线作为机件上的剖视部分与未剖部分的分界线。

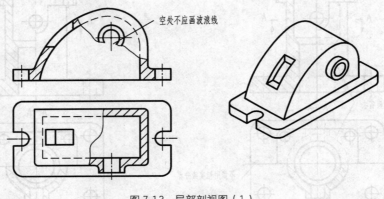

图 7-13　局部剖视图（1）

　　画波浪线时应注意以下几个问题。

　　（1）画波浪线不应超出图形轮廓，不能与图形上的轮廓线重合，如图 7-15 所示。

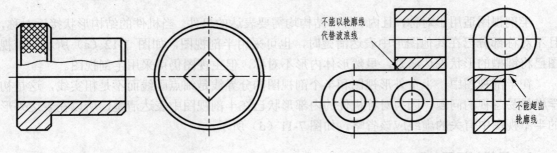

图 7-14　局部剖视图（2）　　　　　　　图 7-15　局部剖视图（3）

　　（2）遇到零件上的孔槽时，波浪线必须断开，不应画入孔、槽之内，如图 7-13 所示。

7.2.3 剖切面的种类（Types of Cutting Plane）

国家标准规定，在作剖视时，可根据机件的结构特点，选择以下剖切面剖切物体：单一剖切面、几个平行的剖切平面或几个相交的剖切平面（交线垂直于某一基本投影面）。

1. 单一剖切面（Single Cutting Plane）

用单一剖切面剖开机件而获得的剖视图，如图 7-8～图 7-15 所示，这种剖切方式应用较多。

2. 几个平行的剖切平面（Several Parallel Cutting Planes）

当机件上有较多的内部结构，而它们的轴线或对称面位于几个互相平行的平面上时，可以用几个互相平行的剖切平面剖切机件，如图 7-16 所示的 A—A 剖视图。

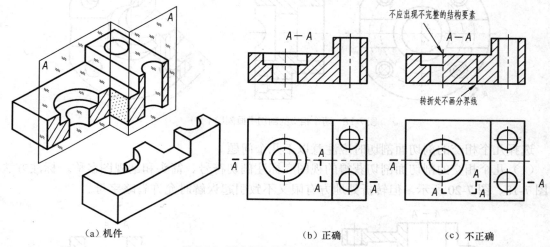

(a) 机件　　　　　　　　　　(b) 正确　　　　　　　　　(c) 不正确

图 7-16　两个平行的剖切平面剖切（1）

选择几个平行的剖切平面时应注意以下几个问题。

（1）用几个平行的剖切平面剖切，画剖视图时必须标注，标注方法如图 7-16（b）、图 7-17 所示，在标注时剖切符号的转折处不允许与图上轮廓线重合。

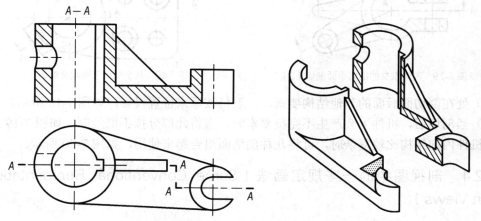

图 7-17　两个平行的剖切平面剖切（2）

（2）剖视图中不应出现不完整结构要素，如图 7-16（c）所示。

（3）不应在剖视图中画出各剖切平面转折处的分界线，如图 7-16（c）所示。

3. 几个相交的剖切面（Several Intersectant Cutting Planes）

用两个相交的剖切面（交线垂直于某一基本投影面）剖开机件，以表达具有回转轴机件的内部形状，两剖切面的交线与回转轴重合。用该方法画剖视图时，应将被剖切面剖开的断面旋转到与选定的基本投影面平行，再进行投射，如图 7-18 和图 7-19 所示。

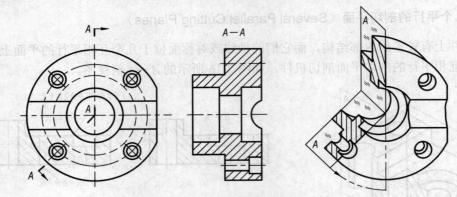

图 7-18　两个相交的剖切平面剖切（1）

选择几个相交的剖切面剖切时应注意以下几个问题。

（1）几个相交的剖切面剖切获得的视图应标注剖切符号、箭头和剖视图名称，标注方法如图 7-18、图 7-20 所示，但转折处地方有限又不致引起误解时允许省略字母。

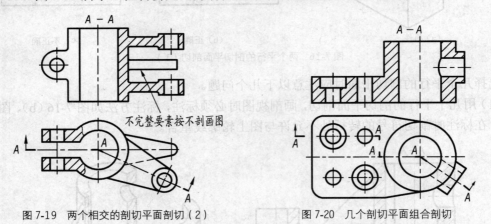

图 7-19　两个相交的剖切平面剖切（2）　　　　图 7-20　几个剖切平面组合剖切

（2）处在剖切面后面的其他结构要素，一般仍按原来位置投影，如图 7-18 所示。

（3）当剖切后，机件上会产生不完整要素时，应将此部分按不剖绘制，如图 7-19 所示。当机件内部结构比较复杂时，可将几种剖切面组合起来使用，如图 7-20 所示。

7.2.4　剖视图中的一些规定画法（Some Conventional Represntation in Section Views）

（1）对于机件上的肋板、轮辐、薄壁等，若沿它们的纵向剖切，这些结构在剖视图上都不画剖面线，而用粗实线将它们与邻近被剖的结构分开；但当这些结构按横向剖切时，仍应画出剖面符号，如图 7-21、图 7-22 所示。

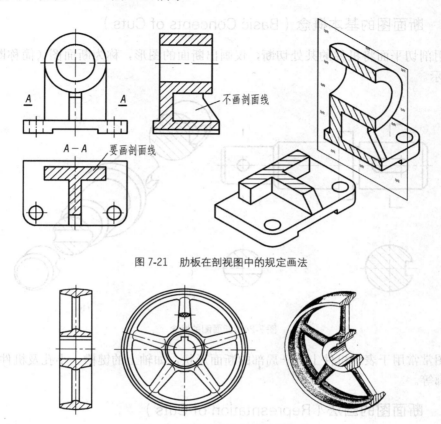

图 7-21 肋板在剖视图中的规定画法

图 7-22 轮辐在剖视图中的规定画法

（2）当回转体机件上均匀分布的孔、肋、轮辐等结构不处于剖切平面上时，可将这些结构绕回转轴线旋转到剖切平面上画出，如图 7-23 所示。

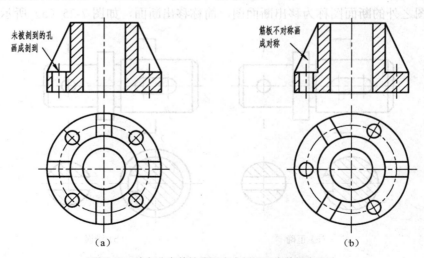

（a）　　　　　　　（b）

图 7-23 均匀分布的结构要素在剖视图中的规定画法

不画剖面线。而用粗实线将它与邻近的剖面部分分开；或画交叉的细实线表示该断面图，如图 7-21。画图 7-22 所示。

7.3　断面图（Cuts）

7.3.1　断面图的基本概念（Basic Concepts of Cuts）

假想用剖切平面将机件的某处切断，仅画出断面的图形，称为断面图（简称断面），如图 7-24 所示。

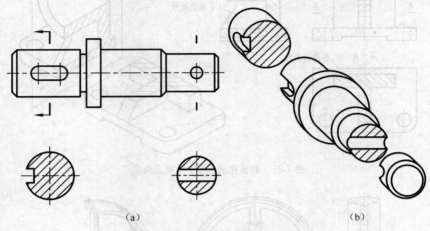

（a）　　　　　　　　　　　　　　（b）

图 7-24　断面图的概念

断面图常常用于表示机件上某一局部的断面形状，如轴上的键槽、小孔及机件上肋板的横断面轮廓等。

7.3.2　断面图的画法（Represntation of Cuts）

断面图分移出断面和重合断面两种。

1．移出断面图（Removed Cuts）

画在视图之外的断面图称为移出断面图，简称移出断面，如图 7-25（a）所示。

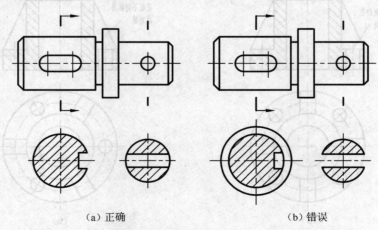

（a）正确　　　　　　　　　　　　　（b）错误

图 7-25　移出断面画法（1）

移出断面的轮廓线用粗实线绘制，画图时应注意以下几点。

（1）尽量将移出断面画在剖切位置线的延长线上，如图 7-25（a）、图 7-26 所示。

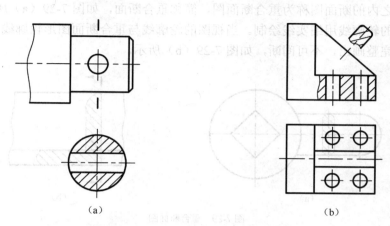

（a）   （b）

图 7-26 移出断面画法（2）

（2）当剖切平面通过由回转面形成的孔或凹坑的轴线时，这些结构按剖视图绘制，如图 7-27 所示。

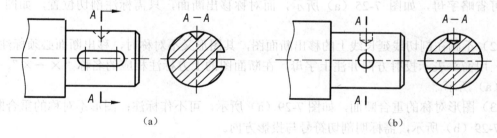

（a）   （b）

图 7-27 移出断面画法（3）

（3）当机件某个方向的尺寸较大时，其移出断面可以画在视图的中断处，如图 7-28（a）所示。

（4）由两个或两个以上相交的剖切平面剖切机件所画的移出断面，应画为断裂形，中间一般应断开，如图 7-28（b）所示。

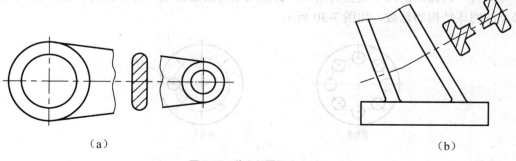

（a）   （b）

图 7-28 移出断面画法（4）

2. 重合断面图（Superposition Cuts）

画在视图之内的断面图称为重合断面图，简称重合断面，如图 7-29（a）所示。

重合断面的轮廓线用细实线绘制。当视图的轮廓线与重合断面图形轮廓线重叠时，视图的轮廓线仍应完整画出，不可间断，如图 7-29（b）所示。

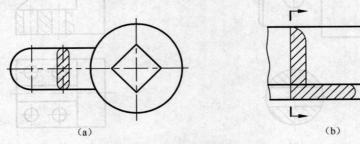

（a）　　　　　　　　　　（b）

图 7-29　重合断面图

7.3.3　断面图的标注（Labeling of Cuts）

（1）画在剖切符号延长线上的不对称移出断面，需标注剖切位置，用箭头表示投射方向，可省略字母，如图 7-25（a）所示，而对称移出断面，只需标注剖切位置，如图 7-26 所示。

（2）不画在剖切线延长线上的移出断面图，其图形又不对称时，移出断面必须标注剖切位置，用箭头表示投射方向并注上字母，在断面图的上方标注相应的名称"×—×"，如图 7-27（a）所示。

（3）图形对称的重合断面，如图 7-29（a）所示，可不作标注；图形不对称的重合断面，如图 7-29（b）所示，需标明剖切符号与投影方向。

7.4　简化画法（Simplified Representation）

技术图样上通用的简化表示法的推广使用，能使制图简化，减少绘图工作量，简化表示法由简化画法和简化注法组成。

（1）相同结构要素的简化画法。当机件具有若干相同结构要素（如孔、槽等），并按一定规律分布时，只需画出几个完整的结构，其余用细实线连接或画出它们的中心位置，但在图中必须注明该结构的总数，如图 7-30 所示。

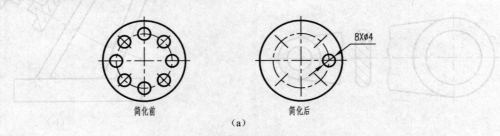

简化前　　　　　　　　　　简化后

（a）

图 7-30　相同结构的简化画法

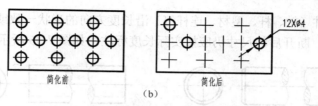

图 7-30 相同结构的简化画法（续）

（2）机件上的滚花部分及网状物的画法可在轮廓线附近用细实线画出，并在零件图上或技术要求中注明这些结构的具体要求，如图 7-31 所示。

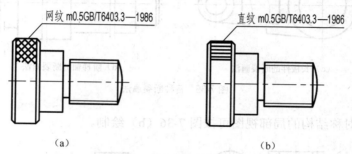

图 7-31 滚花和网状物的画法

（3）当机件上的小平面在图形中不能充分表达时，可用相交的两细实线表示，如图 7-32 所示。

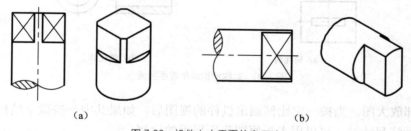

图 7-32 机件上小平面的表示法

（4）圆盘上均匀分布的孔，可按图 7-33 所示的方法画出。

（5）机件上某些截交线或相贯线，在不会引起误解时，允许简化，用圆弧或直线代替非圆曲线，如图 7-34 所示。

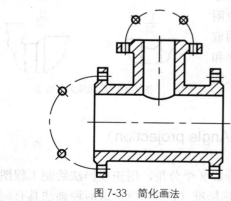

图 7-33 简化画法

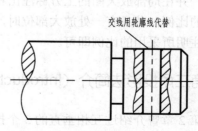

图 7-34 交线的简化画法

（6）较长的机件（轴、杆、型材、连杆等）沿长度方向的形状一致或按一定规律变化时，可断开后缩短绘制，断开后的尺寸仍应按实际长度标注，如图 7-35 所示。

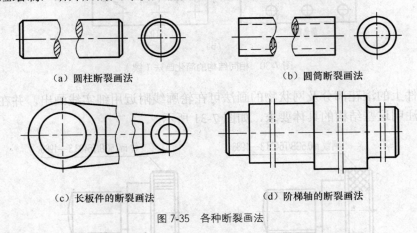

（a）圆柱断裂画法　　　　　　　　　（b）圆筒断裂画法

（c）长板件的断裂画法　　　　　　　（d）阶梯轴的断裂画法

图 7-35　各种断裂画法

（7）零件上对称结构的局部视图可按图 7-36（b）绘制。

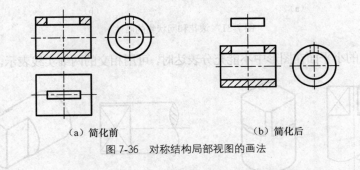

（a）简化前　　　　　　　　　　　（b）简化后

图 7-36　对称结构局部视图的画法

（8）局部放大图。当按一定比例画出机件的视图后，如果其中一些微小结构表达不够清晰，又不便标注尺寸时，可以用大于原图形所采用的比例单独画出这些结构，这种图形称为局部放大图，如图 7-37 所示。

局部放大图可以画成视图、剖视图和断面图。

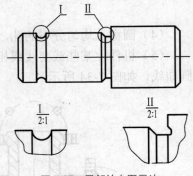

图 7-37　局部放大图画法

画局部放大图时，在原图上要把所要放大部分的图形用细实线圈出，并尽量把局部放大图配置在被放大部位附近。当图上有几处放大部位时，要用罗马数字依次标明放大部位，并在局部放大图的上方标注出相应的罗马数字和所采用的比例；若只有一处放大部位时，则只需在放大图的上方注明所采用的比例即可。

7.5　第三角投影法简介（Introduction of Third-Angle projection）

在第 2 章曾介绍过互相垂直的 3 个投影面将空间分成 8 个分角，用正投影法绘制工程图样时，有第一角投影法和第三角投影法两种画法，国际标准（ISO）规定这两种画法具有同等效力，我国采用第一角投影画法绘制图样，必要时（如按合同规定等）可使用第三角画法，而有些国家则采用第三角投影法（如美、英等国）。

7.5.1　第三角画法中的三视图（Three Views in Third-Angle Projection）

第一角画法是将物体置于第一角内，使物体处于观察者与投影面之间而得到正投影的方法；第三角画法是将物体置于第三角内，使投影面处于观察者与物体之间而得到正投影的方法，如图 7-38 所示，所得的 3 个视图是：

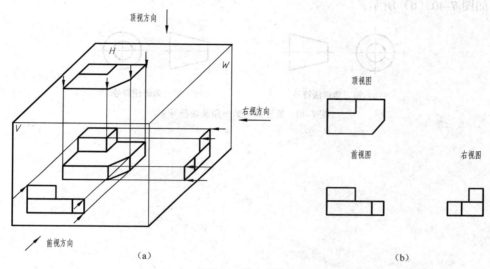

图 7-38　第三角画法

由前向后投射，在 V 面上所得到的视图叫前视图；
由上向下投射，在 H 面上所得到的视图叫顶视图；
由右向左投射，在 W 面上所得到的视图叫右视图。

为了使 3 个投影面展开成一个平面，规定 V 面不动，H 面绕它与 V 面的交线向上旋转 90°，W 面绕它与 V 面的交线向右旋转 90°，如图 7-38（b）所示；各视图之间仍保持"长对正，高平齐，宽相等"的投影关系。

图 7-39（a）所示为第一角画法，图 7-39（b）所示为第三角画法，比较它们的对应关系，有 6 个方位的对应关系。通过比较即可掌握第三角画法。

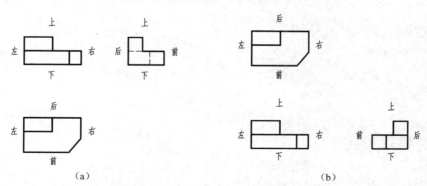

图 7-39　第一角与第三角画法及对应关系比较

7.5.2 第三角画法与第一角画法的识别符号（Identification Symbols of Third–Angle and First–Angle Projection）

为了识别第三角画法与第一角画法，国家标准规定了相应的识别符号，如图 7-40 所示，该符号一般标在图纸标题栏的上方。采用第三角画法时，必须在图样中画出识别符号，如图 7-40（a）所示。当采用第一角画法时，一般不在图样中画出第一角识别符号，必要时可画出，如图 7-40（b）所示。

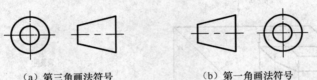

（a）第三角画法符号   （b）第一角画法符号

图 7-40 第三角与第一角画法符号

第 **8** 章 标准件和常用件

(Standard Parts and Commonly Used Parts)

在各种机器、仪表及设备中，螺纹紧固件、键、销、滚动轴承等零件都被广泛应用，它们的结构、尺寸、规格和质量已全部标准化了，称为标准件。弹簧、齿轮有的重要参数已标准化了，称为常用件。本章将介绍一些标准件和常用件的结构、规定画法、代号和标注。

8.1 螺纹（Screw Thread）

8.1.1 螺纹的形成（Manufacturing of Screw Thread）

螺纹可认为是在圆柱体（或圆锥体）表面上沿螺旋线所形成的螺旋体，具有相同轴向断面的连续凸起和沟槽的结构称为螺纹。图 8-1 所示为在车床上加工螺纹的方法，在外表面上加工的螺纹称为外螺纹（external thread）；在内表面上加工的螺纹称为内螺纹（internal thread）。在加工螺纹的过程中，由于刀具的切入构成了凸起和沟槽两部分，凸起的顶端称为螺纹的牙顶（cres），沟槽的底部称为螺纹的牙底（root）。螺纹的直径如图 8-2 所示。

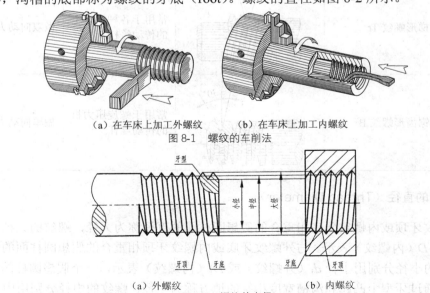

（a）在车床上加工外螺纹　　（b）在车床上加工内螺纹

图 8-1　螺纹的车削法

（a）外螺纹　　　　　　（b）内螺纹

图 8-2　螺纹的直径

8.1.2　螺纹的结构要素（Structural elements of Screw Thread）

内外螺纹连接时，下列要素必须一致。

1. 螺纹牙型（Thread Tooth Profile）

在通过沿螺纹轴线的断面上，螺纹的轮廓线形状称为螺纹牙型。常见的螺纹牙型有三角形、梯形、锯齿形螺纹等，不同种类的螺纹牙型有不同的用途，如表 8-1 所示。

表 8-1　　　　　　　　　　常用标准螺纹

螺纹种类及牙型代号		牙 型 图	用 途	说 明
连接螺纹	粗牙普通螺纹 细牙普通螺纹 M	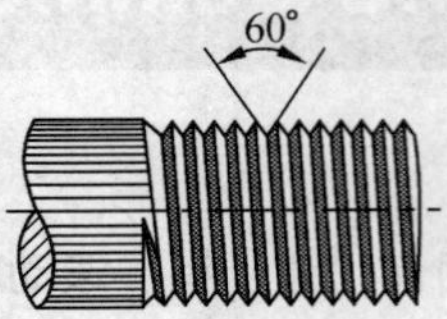 60°	一般连接用粗普通螺纹，薄壁零件的连接用细牙普通螺纹	螺纹大径相同时,细牙螺纹的螺距和牙型高度都比粗牙螺纹的螺距和牙型高度要小
	非螺纹密封的管螺纹 G	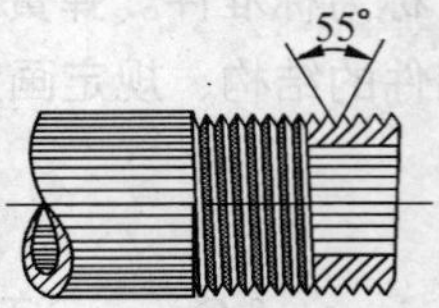 55°	常用于电线管等不需要密封的管路系统中的连接	该螺纹如另加密封结构后，密封性能好,可用于高压的管路系统
	螺纹密封的管螺纹 R_C R_P R	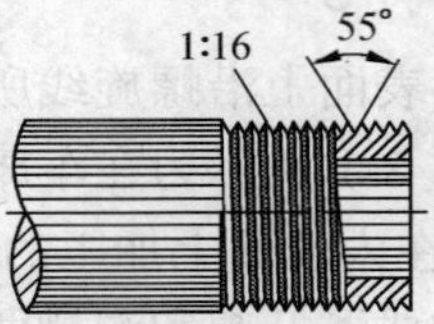 1:16　55°	常用于日常生活中的水管、煤气管、润滑油管等系统中的连接	R_C——圆锥内螺纹,锥度 1：16 R_P——圆柱内螺纹 R——圆锥外螺纹,锥度 1：16
传动螺纹	梯形螺纹 Tr	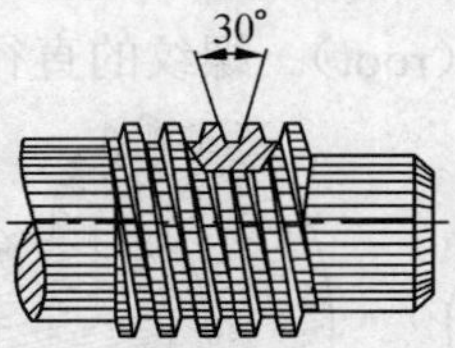 30°	常用于各种机床上的传动丝杠	做双向动力的传递
	锯齿形螺纹 B	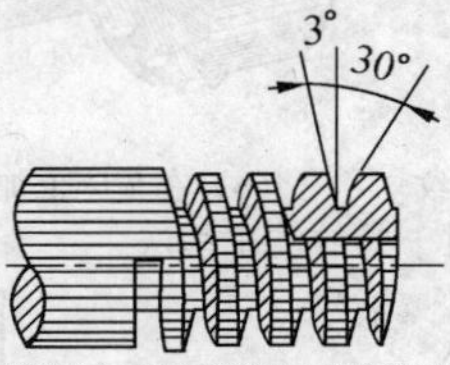 3°　30°	常用于螺旋压力机的传动丝杠	做单向动力的传递

2. 螺纹的直径（Thread Diameter）

与外螺纹牙顶或内螺纹牙底相重合的假想圆柱面的直径称为大径，螺纹的大径分别用 d（外螺纹）或 D（内螺纹）表示。与外螺纹牙底或内螺纹牙顶相重合的假想圆柱面的直径称为小径，螺纹的小径分别用小径 d_1（外螺纹）或 D_1（内螺纹）表示，一个假想圆柱的直径，该圆柱的母线通过牙型上凸起和沟槽宽度相等的地方称为中径，螺纹的中径分别用中径 d_2（外螺纹）或 D_2（内螺纹）表示，如图 8-2 所示。普通螺纹、梯形螺纹和锯齿形螺纹的大径又称为公称直径。

3．螺纹的线数（Thread Number）

螺纹有单线和多线之分。沿一条螺旋线所形成的螺纹，叫单线螺纹（Single Thread），如图 8-3（a）所示；沿两条或两条以上，在轴向等距分布的螺旋线所形成的螺纹，叫多线螺纹（Mnltiple Thread），如图 8-3（b）所示。

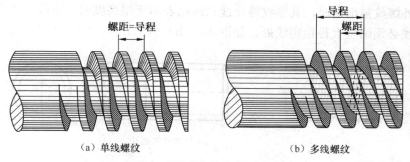

（a）单线螺纹　　　　　　　　（b）多线螺纹

图 8-3 螺纹的线数、导程和螺距

4．螺距和导程（Pitch and Lead）

螺纹相邻两牙在中径线上对应两点间的轴向距离称为螺距，导程为同一条螺旋线上相邻两牙在中径线上对应两点间的轴向距离，如图 8-3 所示。

导程（s）、螺距（p）和线数（n）三者之间的关系为

$$s = n \times p$$

5．螺纹旋向（Revolving Direction of Screw Thread）

螺纹按旋入时的旋转方向，分为右旋（right hand）和左旋（left hand）两种。顺时针旋入的螺纹，称为右旋螺纹；逆时针旋入的螺纹，称为左旋螺纹，如图 8-4 所示。

只有当外螺纹和内螺纹的上述 5 个结构要素完全相同时，内、外螺纹才能旋合在一起。常用螺纹的标准牙型、公称直径（大径）和螺距系列见附表 4～附表 5。凡是牙型、直径和螺距三者均符合标准的，称为标准螺纹；牙型符合标准，而直径或螺距不符合标准的，称为特殊螺纹；牙型不符合标准的称为非标准螺纹。

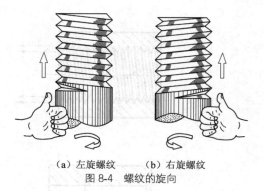

（a）左旋螺纹　　（b）右旋螺纹

图 8-4 螺纹的旋向

8.1.3 螺纹的规定画法（Conventional Representation of Screw Thread）

由于螺纹的投影画法太复杂，因而国家标准（GB/T 4459.1—1995）规定了螺纹的简化画法。

1．外螺纹的规定画法（Conventional Representation of External Screw Thread）

（1）如图 8-5（a）所示，在投影为非圆的视图中，外螺纹的大径画成粗实线，小径画成细实线，并画入倒角内，小径尺寸可在有关附表中查到，实际画图时通常将小径画成大径的 0.85 倍，螺纹的终止线画成粗实线。

（2）在投影是圆的视图上，外螺纹大径画成粗实线圆，小径画成约 3/4 圈的细实线圆，此时螺纹倒角的投影圆规定省略不画。

（3）当外螺纹被剖切时，其螺纹终止线只画出表示牙型高度的一小段，在剖视图和断面图中，剖面线必须画至大径粗实线处，如图 8-5（b）所示。

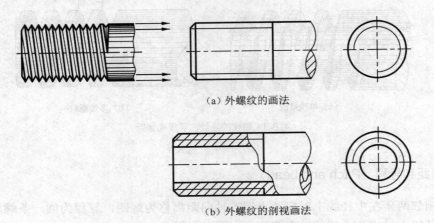

（a）外螺纹的画法

（b）外螺纹的剖视画法

图 8-5　外螺纹的规定画法

2．内螺纹的规定画法（Conventional Representation of Internal Screw Thread）

（1）如图 8-6 所示，对螺孔作剖视时，在投影为非圆的剖视图中，内螺纹大径画成细实

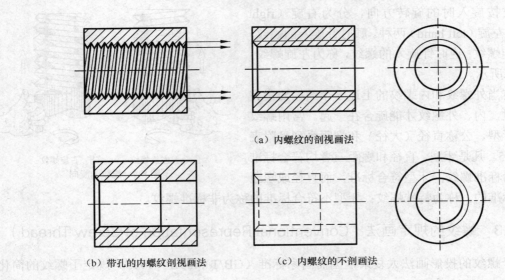

（a）内螺纹的剖视画法

（b）带孔的内螺纹剖视画法　　　　（c）内螺纹的不剖画法

图 8-6　螺孔的剖视图

线，小径画成粗实线，螺纹的终止线也画成粗实线，剖面线应画到小径粗实线处，如图 8-6（a）、（b）所示。

（2）在投影为圆的视图上，内螺纹小径画成粗实线圆，大径画成 3/4 圈的细实线圆，此时螺纹倒角的投影圆规定省略不画，如图 8-6（a）所示的左视图。

（3）对螺孔不作剖视时，在投影为非圆的视图中，大径、小径和螺纹终止线都画成虚线，如图 8-6（c）所示的主视图。

（4）螺纹孔中相贯线的画法如图 8-7 所示。

（5）绘制不通孔螺纹时，钻孔深度与螺孔深度应分别画出，如图 8-8 所示。钻孔深度 *H* 一般应比螺纹深度 *L* 大 0.5*D*，其中 *D* 为螺纹大径。钻头端部有一圆锥，钻不通孔时，底部将形成一锥面，在画图时钻孔底部锥面的顶角规定画为 120°，如图 8-8 所示。当需要表示螺纹的螺尾时，螺尾部分的牙底线要用与轴线成 30° 角的细实线绘出，如图 8-9 所示。

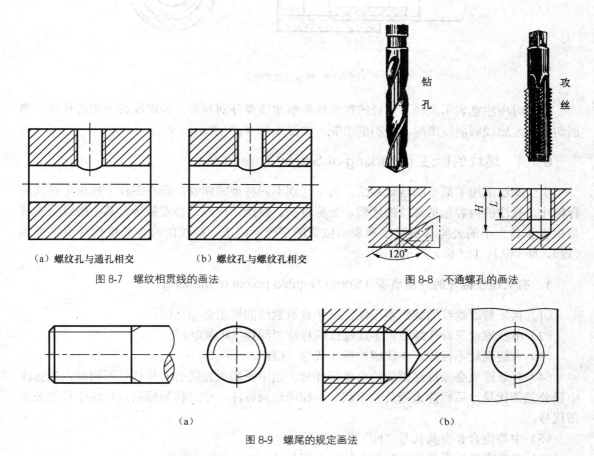

（a）螺纹孔与通孔相交　（b）螺纹孔与螺纹孔相交

图 8-7　螺纹相贯线的画法

图 8-8　不通螺孔的画法

（a）　　　（b）

图 8-9　螺尾的规定画法

3. 内外螺纹连接的规定画法（Conventional Representation of Assembly of Internal and External Screw Thread）

如图 8-10 所示，在剖视图中，内、外螺纹其旋合部分应按外螺纹的画法画，其余部分仍按各自的规定画法表示。

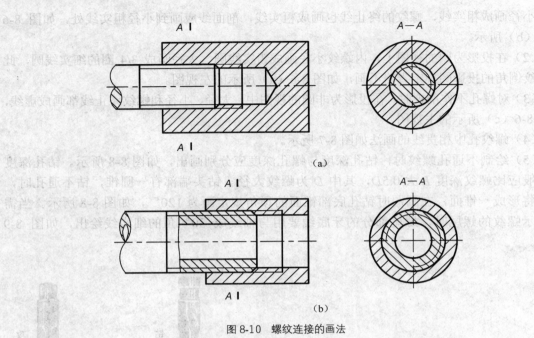

图 8-10　螺纹连接的画法

绘图时应注意表示大径、小径的粗实线和细实线要分别对齐，外螺纹若为实心杆件，当剖切平面过轴线画剖视图时，按不剖绘制，如图 8-10（a）所示。

8.1.4　螺纹的标注（Marking of Screw Thread）

由于螺纹采用了简单的规定画法，为了区别不同种类的螺纹，应在图样上按规定格式进行标注，标注的内容包括螺纹的牙型、公称直径、螺距、旋向、公差带等，其中螺纹公差带是由表示其大小的公差等级数字和表示位置的字母所组成。螺纹的旋合长度代号用字母 S（短）、N（中）、L（长）表示。

1．有关螺纹标注的注意事项（Some Notable points of Marking）

（1）粗牙普通螺纹的螺距不标注，细牙普通螺纹的螺距必须标注。

（2）单线螺纹只标注螺距，多线螺纹应标注"导程（P 螺距）"。

（3）右旋螺纹不标注，左旋螺纹标注代号"LH"。

（4）普通螺纹必须标注螺纹的公差带代号，当中径和大径的公差带代号不同时，先标注中径公差带代号，后标注大径公差带代号，相同时只标注一个，梯形螺纹只标注中径的公差带代号。

（5）中等旋合长度其代号"N"可省略不注。

（6）非标准螺纹必须画出牙型并标注全部尺寸。

2．普通螺纹、梯形螺纹和锯齿形螺纹的标注（Marking of Metric screw thread, Trapezoidal Thread and Buttress Thread）

普通螺纹和梯形螺纹从大径处引出尺寸线，按标注尺寸的形式进行标注。

单线螺纹标注格式为：

| 螺纹特征代号 | 公称直径×螺距 | 旋向 | —公差带代号 | —旋合长度代号 |

多线螺纹标注格式为：

| 螺纹特征代号 | 公称直径× | 导程（P 螺距） | 旋向 | —公差带代号 | —旋合长度代号 |

标注图例如图 8-11 所示。

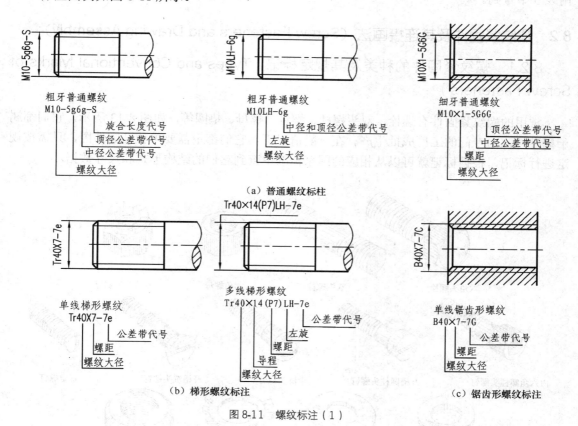

（a）普通螺纹标柱

（b）梯形螺纹标注　　　（c）锯齿形螺纹标注

图 8-11　螺纹标注（1）

3. 管螺纹的标注（Marking of Pipe Thread）

（1）非螺纹密封管螺纹的标注。非螺纹密封的管螺纹公差等级对外螺纹分 A、B 两级，内螺纹只有一种等级。标注图例如图 8-12（a）所示。

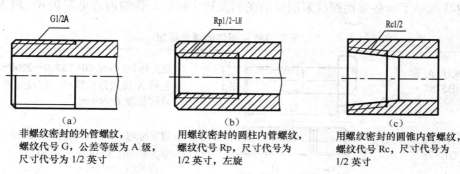

（a）
非螺纹密封的外管螺纹，
螺纹代号 G，公差等级为 A 级，
尺寸代号为 1/2 英寸

（b）
用螺纹密封的圆柱内管螺纹，
螺纹代号 Rp，尺寸代号为
1/2 英寸，左旋

（c）
用螺纹密封的圆锥内管螺纹，
螺纹代号 Rc，尺寸代号为
1/2 英寸

图 8-12　螺纹标注（2）

（2）螺纹密封管螺纹的标注。螺纹密封的管螺纹：圆锥外螺纹代号为 R，圆锥内螺纹代号为 Rc，圆柱内螺纹代号为 Rp。标注图例如图 8-12（b）、（c）所示。

管螺纹的标注必须用指引线从螺纹大径轮廓线引出来标注，如图 8-12 所示，其尺寸代号数值，不是指螺纹大径，而是指管子的内孔直径（英寸），螺纹的大小数值可根据尺寸代号在附表 5 中查到。

8.2 螺纹紧固件及其连接画法（Screw Fasteners and Drawing Assembly）

8.2.1 螺纹紧固件的种类及其规定标记（Types and Conventional Marks of Screw Fasteners）

常用的螺纹紧固件有螺栓、双头螺柱、螺钉、螺母、垫圈等，如图 8-13 所示，它们都属于标准件，由专门的工厂成批生产。在一般情况下，它们都不需要单独画零件图，只需按规定进行标记，根据标记就可以从相应的国家标准中查到它们的结构形式和尺寸数据。

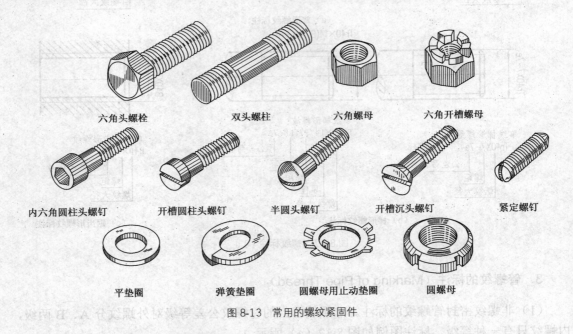

六角头螺栓　双头螺柱　六角螺母　六角开槽螺母

内六角圆柱头螺钉　开槽圆柱头螺钉　半圆头螺钉　开槽沉头螺钉　紧定螺钉

平垫圈　弹簧垫圈　圆螺母用止动垫圈　圆螺母

图 8-13 常用的螺纹紧固件

表 8-2 列举了一些常用螺纹紧固件的图例及规定标记，详细内容见附表 6～附表 12。

表 8-2　　常用螺纹紧固件的规定标记

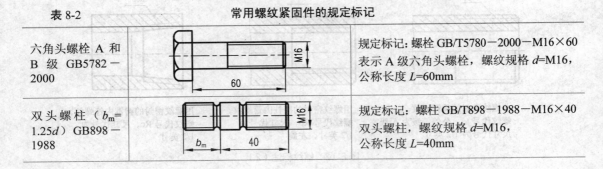

| 六角头螺栓 A 和 B 级 GB5782—2000 | | 规定标记：螺栓 GB/T5780—2000—M16×60 表示 A 级六角头螺栓，螺纹规格 d=M16，公称长度 L=60mm |
| 双头螺柱（b_m= 1.25d）GB898—1988 | | 规定标记：螺柱 GB/T898—1988—M16×40 双头螺柱，螺纹规格 d=M16，公称长度 L=40mm |

续表

开槽圆柱头螺钉 GB/T65－2000	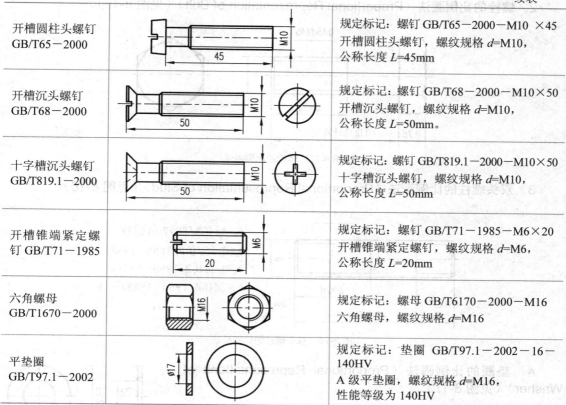	规定标记：螺钉 GB/T65－2000－M10 ×45 开槽圆柱头螺钉，螺纹规格 d=M10， 公称长度 L=45mm
开槽沉头螺钉 GB/T68－2000		规定标记：螺钉 GB/T68－2000－M10×50 开槽沉头螺钉，螺纹规格 d=M10， 公称长度 L=50mm。
十字槽沉头螺钉 GB/T819.1－2000		规定标记：螺钉 GB/T819.1－2000－M10×50 十字槽沉头螺钉，螺纹规格 d=M10， 公称长度 L=50mm
开槽锥端紧定螺 钉 GB/T71－1985		规定标记：螺钉 GB/T71－1985－M6×20 开槽锥端紧定螺钉，螺纹规格 d=M6， 公称长度 L=20mm
六角螺母 GB/T1670－2000		规定标记：螺母 GB/T6170－2000－M16 六角螺母，螺纹规格 d=M16
平垫圈 GB/T97.1－2002		规定标记：垫圈 GB/T97.1－2002－16－ 140HV A 级平垫圈，螺纹规格 d=M16， 性能等级为 140HV

8.2.2 常用螺纹紧固件的比例画法（Proportional Representation of Commonly Used Screw Fasteners）

螺纹紧固件可以按其标记从相关标准中查出全部尺寸数据进行画图，但为了简便画图，通常采用比例画法，下面列举常用螺纹紧固件的比例画法。

1. 六角螺母的比例画法（Proportional Representation of Hex Nut）（见图 8-14）

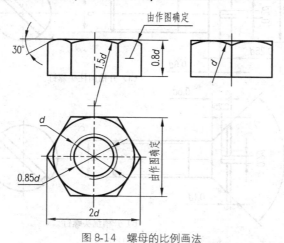

图 8-14 螺母的比例画法

2．螺栓的比例画法（Proportional Representation of Bolt）（见图 8-15）

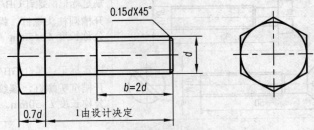

图 8-15　螺栓的比例画法

3．双头螺柱的比例画法（Proportional Representation of Stud）（见图 8-16）

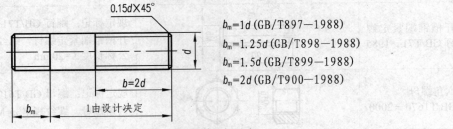

$b_m=1d$ (GB/T897—1988)
$b_m=1.25d$ (GB/T898—1988)
$b_m=1.5d$ (GB/T899—1988)
$b_m=2d$ (GB/T900—1988)

图 8-16　双头螺柱的比例画法

4．垫圈的比例画法（Proportional Representations of Washer）（见图 8-17）

5．常用螺钉的比例画法（Proportional Representation of Commonly Used Screw）

图 8-18 所示为两种常用螺钉头部的比例画法，其中图 8-18（a）为开槽圆柱头螺钉，图 8-18（b）为开槽沉头螺钉。

图 8-17　垫圈的比例画法

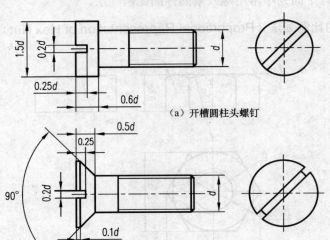

（a）开槽圆柱头螺钉

（b）开槽沉头螺钉

图 8-18　螺钉的比例画法

8.2.3 螺纹紧固件的连接画法（Representation of Screw Fasteners Assembly）

1. 螺纹紧固件连接画法的基本规定（Some Drawing Stipulations About Screw Fastener Assembly）

（1）两个零件接触面处只画一条线，不接触面处画两条线。

（2）在剖视图中，相邻两零件的剖面线方向应该相反，而同一个零件在各剖视图中，剖面线的方向和间隔应该相同。

（3）在剖视图中，当剖切平面通过螺纹紧固件的轴线时，则这些紧固件均按不剖绘制。

2. 螺栓连接的画法（Representation of Bolt Assembly）

用螺栓连接两个零件的情况如图 8-19 所示，在零件 Ⅰ 和 Ⅱ 上先钻成通孔，将螺栓穿过通孔，套上垫圈，旋紧螺母，使两零件连接在一起。图 8-20 中螺栓的长度 L 按下式计算其初值：

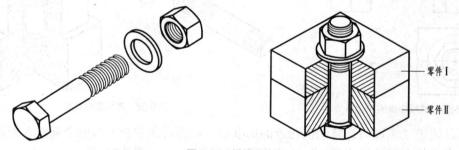

图 8-19 螺栓连接

$L \geqslant \delta_1$（零件 Ⅰ 厚）$+\delta_2$（零件 Ⅱ 厚）$+0.15d$（垫圈厚）$+0.8d$（螺母厚）$+0.3d$

其中，$0.3d$ 是螺栓顶端伸出的高度，然后再从附表 6 中查出与计算初值相近的标准值。画螺栓连接应注意以下两点。

（1）被连接件的孔径必须大于螺栓的大径，按 $1.1d$ 画出，螺栓的螺纹终止线必须画得低于光孔的顶面，以便螺母调整拧紧，连接板的光孔与螺栓杆非接触面应画 2 条线，如图 8-20 所示。

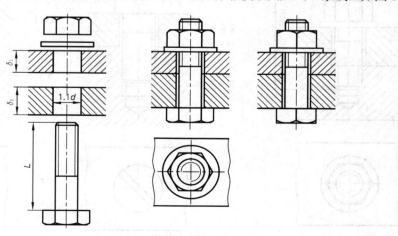

图 8-20 螺栓连接的画法

（2）螺栓和螺母的头部可采用简化画法，如图 8-21 所示。

3. 双头螺柱连接画法（Representation of Stud Assembly）

双头螺柱的两端都有螺纹，其中旋入端全部旋入机体的螺孔内，另一端穿过连接件的通孔，套上垫圈，拧紧螺母，如图 8-22 所示。双头螺柱旋入端的长度 b_m 与被旋入零件的材料有关。对钢或青铜，$b_m=d$；对于铸铁，$b_m=1.25d\sim1.5d$；对于铝合金，$b_m=2d$。双头螺柱的公称长度 L 可按下式计算其初值：

$$L\geq\delta_1+s+H+0.3d$$

其中δ_1=零件Ⅰ厚，s=0.15d（垫圈厚），H=0.8d（螺母厚）。

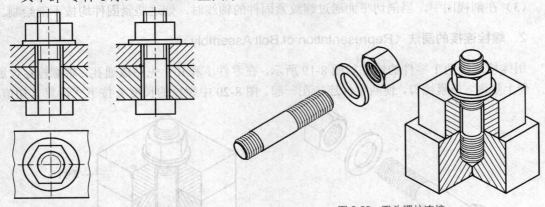

图 8-21　螺栓连接的简化画法　　　　　　　图 8-22　双头螺柱连接

然后从附表 7 选取与计算初值相近的标准值。画图时注意旋入端应全部拧入被连接件的螺孔内，所以旋入端的终止线与被连接的螺孔端面平齐，如图 8-23 所示。

4. 螺钉连接的画法（Representation of Screw Assembly）

螺钉连接的结构如图 8-24、图 8-25 所示，将零件Ⅰ上的通孔与零件Ⅱ的螺纹孔对齐，再将螺钉旋入，达到连接两个零件的目的，其旋入深度与零件材料有关，与双头螺柱的 b_m 计算相同。

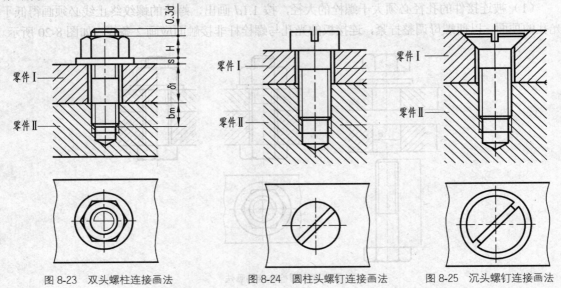

图 8-23　双头螺柱连接画法　　　图 8-24　圆柱头螺钉连接画法　　　图 8-25　沉头螺钉连接画法

画螺钉连接应注意以下两点。

（1）螺钉的螺纹终止线应画在螺孔的外面。

（2）在投影为圆的视图中，头部起子槽一般按 45° 倾角画出。

画螺纹紧固件的连接时，先要搞清连接的结构形式，再仔细作图，否则容易画错。

8.3 键（Key）

键通常是用来连结轴和装在轴上的转动零件（如齿轮、带轮等），以便与轴一起转动，起传递扭矩的作用。

8.3.1 键的种类和标记（Types and Marks of Key）

常用键的种类有普通平键、半圆键和钩头楔键 3 种。各种键均属标准件，它的尺寸和结构可从有关标准中查出（见附表13），选用时可根据轴的直径查键的标准。常用键的类型和标记如表 8-3 所示。

表 8-3 常用键的类型和标记

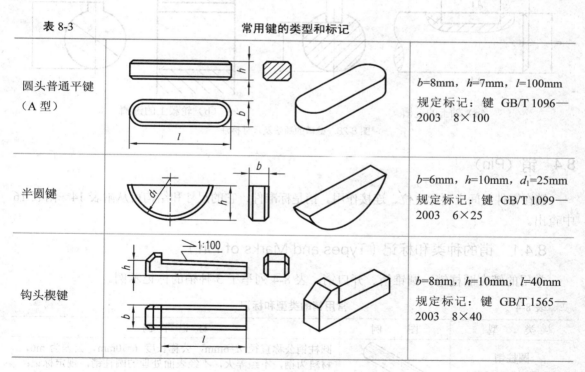

圆头普通平键（A 型）	$b=8mm$，$h=7mm$，$l=100mm$ 规定标记：键 GB/T 1096—2003　8×100
半圆键	$b=6mm$，$h=10mm$，$d_1=25mm$ 规定标记：键 GB/T 1099—2003　6×25
钩头楔键	$b=8mm$，$h=10mm$，$l=40mm$ 规定标记：键 GB/T 1565—2003　8×40

8.3.2 键连接的画法（Representation of Key Assembly）

普通平键和半圆键的侧面是工作面，两侧面与轮和轴都有接触，其底面也与轴接触，因此均应在接触面处画一条线，而键的顶面与轮毂之间有间隙，应画两条线，如图 8-26、图 8-27 所示。键槽的画法及尺寸标注如图 8-28 所示。

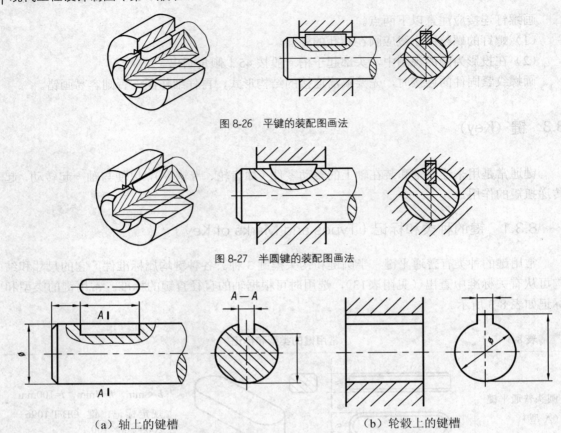

图 8-26 平键的装配图画法

图 8-27 半圆键的装配图画法

（a）轴上的键槽　　　　　　　　　　（b）轮毂上的键槽

图 8-28 键槽的画法及尺寸标注

8.4 销（Pin）

销在零件之间主要起定位、连接作用。销是标准件，它的尺寸和结构可从附表 14～附表 16 中查出。

8.4.1 销的种类和标记（Types and Marks of Pin）

常用的销有圆柱销、圆锥销、开口销，表 8-4 列举了 3 种销的标记示例。

表 8-4　　　　　　　　　　　　　常用销的类型和标记

类　　型	图　　例	标记示例
圆柱销 GB/T 119.1—2000		圆柱销公称直径 d=6mm，公称长度 l=30mm，公差为 m6，材料为钢，不经淬火，不经表面处理的圆柱销，规定标记： 销 GB/T 119.1—2000 6m 6×30
圆锥销 GB/T 117—2000		圆锥销公称直径 d=10mm，公称长度 l=60mm，材料为 35 钢，表面氧化处理的 A 型圆锥销，规定标记： 销 GB/T 117—2000　10×60
开口销 GB/T 91—2000		开口销公称直径 d=5mm，长度 l=50mm，材料 Q215 或 235，不经表面处理的开口销，规定标记： 销 GB/T 119.1—2000　5×50

8.4.2 销连接的画法（Representation of Pin Assembly）

图 8-29 所示为圆柱销和圆锥销的连接画法，当剖切平面通过销的基本轴线时，销按不剖处理。用销连接和定位的两个零件上的销孔一般需一起加工，并在图上注写"与某件配制"。

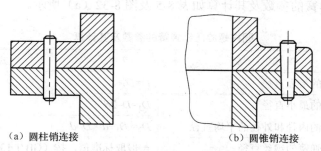

（a）圆柱销连接   （b）圆锥销连接

图 8-29 圆柱销和圆锥销的连接画法

图 8-30（a）所示，用开口销与六角槽形螺母配合使用，防止螺母松脱，图 8-30（b）所示为用开口销限定零件在装配体中的位置。

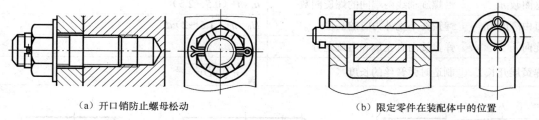

（a）开口销防止螺母松动   （b）限定零件在装配体中的位置

图 8-30 开口销的连接画法

8.5 弹簧（Spring）

弹簧是一种常用件，它的作用是减震、夹紧、储能、测力、复位等。在电器中，弹簧常用来保证导电零件的良好接触或脱离接触。弹簧的种类很多，常见的有金属螺旋弹簧和涡旋弹簧，如图 8-31 所示。在各种弹簧中，以圆柱螺旋弹簧最为常见。圆柱螺旋弹簧按用途分为压缩弹簧、拉伸弹簧和扭力弹簧。本节只介绍压缩弹簧的有关尺寸计算和画法，其他类型弹簧的画法，请查阅相关资料。

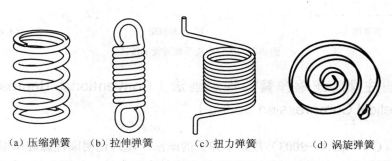

（a）压缩弹簧   （b）拉伸弹簧   （c）扭力弹簧   （d）涡旋弹簧

图 8-31 常用弹簧的种类

8.5.1 圆柱螺旋压缩弹簧各部分名称及尺寸计算（Parameters and Dimension Formulae of Cylindrical Helical Compression Spring）

圆柱螺旋压缩弹簧的参数及其计算如表 8-5 及图 8-32（a）所示。

表 8-5　　　　　　　　　　　　　　圆柱螺旋压缩弹簧的参数及其计算

名 称 符 号	定 义	公 式
弹簧外径 D	弹簧的最大直径	$D=D_2+d$
弹簧内径 D_1	弹簧的最小直径	$D_1=D-2d$
弹簧中径 D_2	弹簧的内径和外径的平均直径	$D_2=D_1+d=D-d$
弹簧丝直径 d	制造弹簧的钢丝直径	一般取标准值，按（GB/T 1358—1993）选取
节距 t	相邻两有效圈上对应点的轴向距离	按（GB/T 2089—1994）选取
有效圈数 n	计算弹簧刚度时的圈数	取标准值，按（GB/T1358—1993）选取
支撑圈数 n_2	弹簧端部用于支撑或固定的圈数	支撑圈有 1.5 圈、2 圈和 2.5 圈 3 种，常见的是 2.5 圈
总圈数 n_1	沿螺旋轴线两端间的螺旋圈数	$n_1=n+（0.5\sim2.5）$
自由高度 H_0	弹簧在不受外力时的高度	$H_0=nt+（1.5\sim2）d$
旋向	弹簧旋向有左旋和右旋之分	
弹簧展开长 L	制造时弹簧丝的长度	$L=n_1\sqrt{(nD)^2+t^2}$

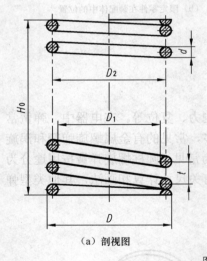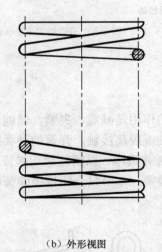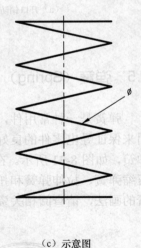

（a）剖视图　　　　　　　　　　（b）外形视图　　　　　　（c）示意图

图 8-32　圆柱螺旋压缩弹簧的画法

8.5.2 圆柱螺旋压缩弹簧的规定画法（Conventional Represntations of Cylindrical Helical Compression Spring）

国家标准（GB 4459.4—2003）规定了弹簧的画法，现只说明圆柱螺旋压缩弹簧的画法。圆柱螺旋压缩弹簧可以采用剖视图、视图和示意图等表示方法，如图 8-32 所示。

（1）弹簧在平行于轴线的投影面上的图形，各圈的轮廓线应画成直线，以代替螺旋线的投影，如图 8-32（a）、（b）所示。

（2）螺旋弹簧均可画成右旋，但左旋弹簧不论画成左旋或右旋，一律要加注"左"字。

（3）弹簧两端的支撑圈，不论圈数多少和绷紧情况如何，均可按图 8-32 所示的形式绘制。

（4）有效圈数在 4 圈以上的螺旋弹簧，中间部分可以省略，如图 8-32（a）、（b）所示，中间部分省略后，允许适当缩短图形的长度。

（5）在装配图中，型材直径或厚度在图形上等于或小于 2mm 时，螺旋弹簧允许用示意图绘制，如图 8-32（c）、图 8-33（b）所示；当弹簧被剖切时，剖面直径或厚度在图形上等于或小于 2mm 时，可用涂黑表示。

（6）在装配图中，被弹簧遮挡的结构一般不画出，可见部分应从弹簧的外轮廓线或从弹簧钢丝剖面的中心线画起，如图 8-33 所示。

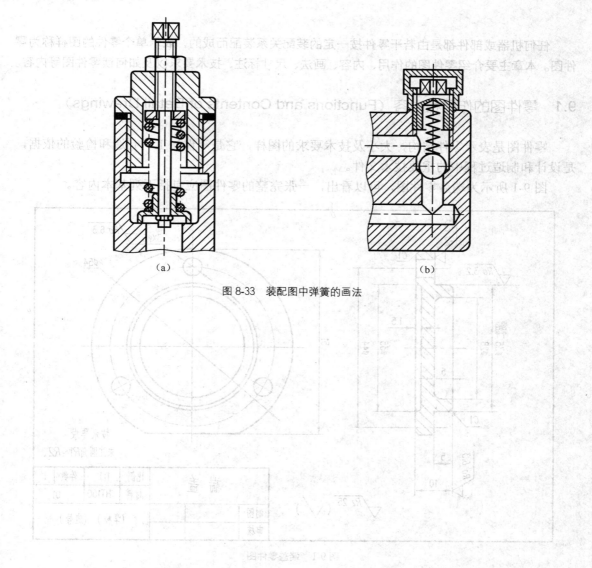

(a)   (b)

图 8-33　装配图中弹簧的画法

第9章 零件图 (Detail Drawings)

任何机器或部件都是由若干零件按一定的装配关系装配而成的，表示单个零件的图样称为零件图。本章主要介绍零件图的作用、内容、画法、尺寸标注、技术要求以及如何读零件图等内容。

9.1 零件图的作用和内容 （Functions and Contents of Detail Drawings）

零件图是表示零件结构，大小及技术要求的图样，它是零件加工、制造和检验的依据，是设计和制造过程中的重要技术文件。

图 9-1 所示为端盖零件图，可以看出，一张完整的零件图应包括下列基本内容。

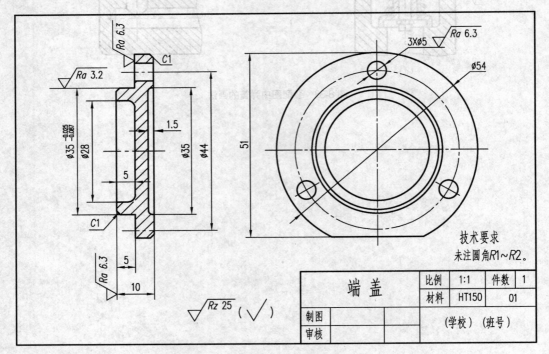

图 9-1 端盖零件图

（1）一组视图：包括视图、剖视图、断面图等，用于表达零件各部分的结构形状。

（2）一组尺寸：用于确定零件各部分结构、形状的大小及相对位置。

（3）技术要求：说明零件在制造和检验时应达到的技术指标，如表面结构、尺寸公差、几何公差、材料、热处理等。

（4）标题栏：说明零件的名称、材料、数量、比例、图号及设计、制图、校核人员签名等。

9.2 零件上常见的工艺结构简介（Introduction of Common Technical Structure of Parts）

零件的结构形状，不仅要满足零件在机器中使用的要求，而且在制造零件时还要符合制造工艺的要求，下面介绍一些零件常见的工艺结构。

9.2.1 铸造零件的工艺结构（Technical structure of castings）

1. 铸造圆角（Rounds and Fillets in Castings）

在铸件毛坯各表面的相交处都有铸造圆角，如图 9-2 所示。这样既便于脱模，又能防止浇铸时铁水将砂型转角处冲坏，还可避免铸件冷却时产生裂纹或缩孔。铸件圆角半径在视图上一般不注出，而集中注写在技术要求中。带有铸造圆角的零件表面交线不明显，这种交线称为过渡线，过渡线的画法与相贯线相同，只是其端点处不与轮廓线接触，且画成细实线如图 9-3 所示。

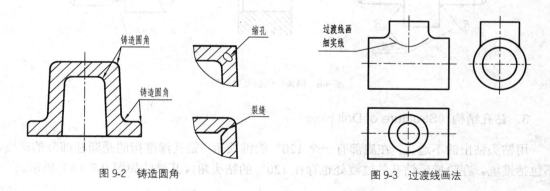

图 9-2 铸造圆角　　　　　　　　　　　图 9-3 过渡线画法

2. 铸造斜度 （Draft in Castings）

铸造零件毛坯时，为了便于将铸模从沙型中取出来，一般在沿模型起模斜度方向做成约 1：20 的斜度，如图 9-4 所示。

3. 铸件壁厚 （Wall Thickness in Castings）

铸件的壁厚应尽可能均匀或逐渐过渡，否则会因浇铸零件时各部分冷却速度不同而产生缩孔或裂纹，如图 9-5 所示。

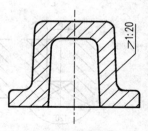

图 9-4 铸造斜度

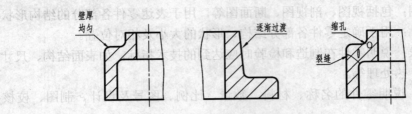

图 9-5　铸件壁厚要均匀

9.2.2　零件机械加工工艺结构（Machining Structure of Parts）

1. 倒角和倒圆（Chamfer and Round）

为了便于装配和去毛刺、锐边，在轴和孔的端部，一般都加工成倒角；为了避免因应力集中而产生裂纹，在轴肩处加工成倒圆。倒角和倒圆的画法及尺寸注法如图 9-6（a）所示。

2. 退刀槽（Escape）

在切削加工时，为了便于退出刀具以及在装配时能与相关零件靠紧，加工零件时常要预先加工出退刀槽，如图 9-6（b）所示。

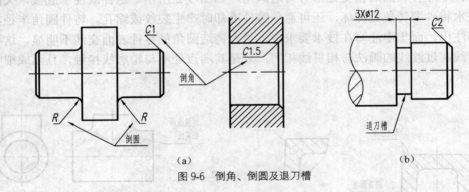

（a）　　　　　　　　　　　　　　　　　　　（b）

图 9-6　倒角、倒圆及退刀槽

3. 钻孔结构（Structure of Drill Hole）

用钻头钻出的不通孔，在底部有一个 120° 的锥顶角，钻孔深度指的是圆柱部分的深度，不包括锥坑。在阶梯形钻孔的过渡处也存在 120° 的钻头角，其画法如图 9-7（a）所示。

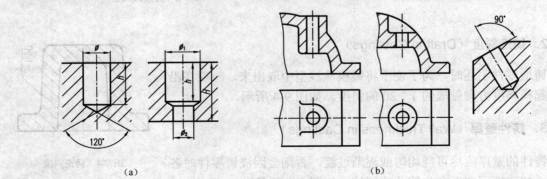

（a）　　　　　　　　　　　　　　　　　　　（b）

图 9-7　钻孔结构

用钻头钻孔时，要求钻头尽量垂直于被钻孔的端面，以保证钻孔准确和避免钻头折断，如图9-7（b）所示。

4．凸台与凹坑（Boss Club and Recessed Surface）

为了减少零件的加工面积，并使零件之间具有良好的接触表面，通常在铸件上做出凸台、凹坑或凹槽，如图9-8所示。

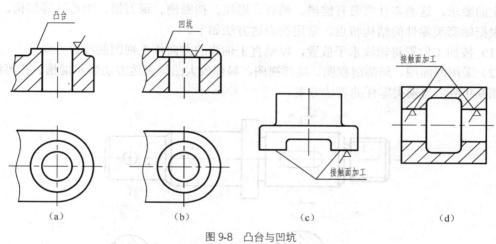

图 9-8　凸台与凹坑

9.3　零件图的表达方案和视图选择（Representation Plan and View Selection of Parts in Detail Drawings）

对于一个具体的零件，需要对它的结构形状进行深入细致的分析，选用适当的表达方法，完整、正确、清晰地表达出零件各部分的结构形状。

9.3.1　主视图的选择（Selecting Front View）

在表达零件的各个视图中，主视图是最主要的视图，它选择得合理与否，直接影响到其他视图的表达和看图的方便，选择主视图时应主要考虑以下两个方面。

（1）投射方向。主视图的投射方向通常以最能反映零件形状特征及各组成形体之间的相互关系的方向作为主视图的投射方向。

（2）安放位置。确定零件的安放位置，其原则是尽量符合零件的主要加工位置或工作位置，这样便于加工和安装。通常对轴、套、盘等回转体类零件选择其加工位置；对叉架、箱壳类零件选择其工作位置。

9.3.2　其他视图的选择（Selecting Other Views）

主视图选定以后，其他视图的选择可以考虑以下几点。

（1）根据零件的复杂程度和内外结构全面考虑所需要的其他视图，使每个视图都有一个表达的重点。

（2）先选择一些基本视图或在基本视图上取剖视表达零件的主要结构和形状，再用一些辅助视图如局部视图、斜视图、断面图等表达一些局部结构形状。

9.3.3 几类典型零件的视图选择（Selecting Views of Several Typical Parts）

1. 轴套类零件（Pants of Shaft-sleeve Group）

轴套类零件的结构特点是各组成部分主要是同轴回转体（圆柱体或圆锥体）。根据结构及工艺上的要求，这类零件常带有键槽、轴肩、螺纹、挡圈槽、退刀槽、中心孔等结构。

根据轴套类零件的结构特点，常用的表达方法如下。

（1）按加工位置将轴线水平放置，以垂直于轴线的方向作主视图的投射方向。

（2）采用断面图、局部剖视图、局部视图、局部放大图等表达方法表示键槽、孔等结构。

图 9-9 所示为轴类零件的表达方案。

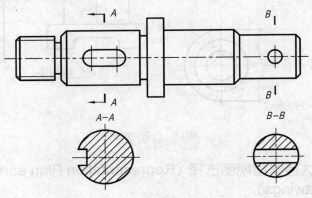

图 9-9　轴的视图表达

2. 轮盘类零件（Parts of Wheel-plate Group）

轮盘类零件主体形状也是共轴线回转体，这类零件为了与其他零件连接，常用孔、键槽、螺孔、销孔和凸台等结构，为增加强度，有的要增加肋板、轮辐。

根据轮盘类零件的结构特点，常用的表达方法如下。

（1）主视图一般按其加工位置放置，即将其轴线水平放置，并常画成剖视图。

（2）左（或右）视图表示零件的外形轮廓和各组成部分，如孔、肋、轮辐等的相对位置。

图 9-10 所示为端盖的零件图，将轴线水平放置位置作主视图，左视图主要表达凸台形状、两个螺孔和 4 个台阶孔的分布情况。

3. 箱壳类零件（Parts of Case-housing Group）

箱壳类零件用于支撑和容纳其他零件，其结构形状一般都比较复杂，常需要用 3 个或 3 个以上的视图表达其内外结构形状，根据箱壳类零件的结构特点，常用的表达方法如下。

（1）选择主视图时主要考虑表示形状特征和工作位置。

（2）通常采用通过主要轴孔的剖视图表示内部结构形状，对零件的外形也要采用一些相应的视图表达清楚。

（3）箱壳类零件上的一些局部结构常用局部剖视图、局部视图、斜视图、断面图等表示。

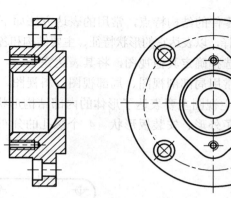

图 9-10　端盖的视图表达

图 9-11 所示为柱塞泵的泵体零件，它的内腔可以容纳柱塞零件。左端凸缘上的连接孔用以连接泵盖，底板上有 4 个孔用来将泵体固定在机身上。上端的两个螺纹孔用来安装进出油口的管接头。

泵体的视图表达方法如图 9-12 所示。根据泵体的结构，选 D 向作为主视方向，主视图采用全剖视图，主要表达内腔结构形状；左视图采用半剖视图，可表达内外结构形状；俯视图主要表达外形；俯、左视图用 2 个局部剖，表示孔为通孔。除上述 3 个基本视图外，还画出了 A 向视图，表示泵体右端面形状和 3 个均匀分布的螺孔；用 K 向视图表示底面凹槽部分的形状。

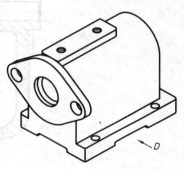

图 9-11　泵体的立体图

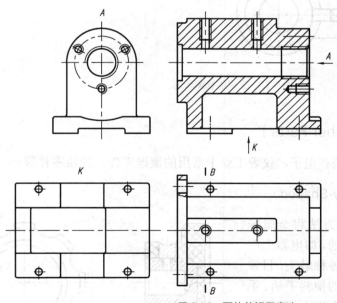

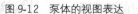

图 9-12　泵体的视图表达

4．叉架类零件（Parts of Fork-frame Group）

叉架类零件一般有拨叉、连杆、支座等，其结构形状比较复杂，毛坯多为铸造或锻造件，再经机械加工而成。根据叉架类零件的结构特点，常用的表达方法如下。

（1）主视图常根据结构特征选择，以表达它的形状特征、主要结构和各组成部分的相互关系。

（2）根据零件的复杂程度，选择确定其他视图，将其表达完全。

（3）零件上的一些局部结构常用局部剖视图、局部视图、斜视图、断面图等表示。

图 9-13 所示为支架零件图，主视图主要表达了形体的内部结构形状，以及各组成部分的相互关系；俯、左视图主要表达了外形、安装板形状、4 个螺孔的分布；移出断面图表达了连接板断面形状。

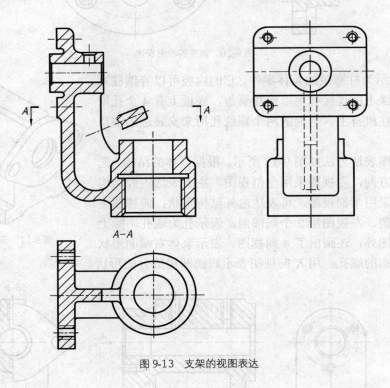

图 9-13　支架的视图表达

9.3.4　其他零件（Other Parts）

除上述 4 类零件还有一些在电子，仪表工业中常用的镶嵌零件、冲压零件等。

1．镶嵌件（Part of Inlay-Shaped）

这类零件是用压型铸造方法将金属嵌件与非金属材料镶嵌在一起的，如电器上广泛使用的塑料内铸有铜片的各种触头，日常生活中常见的铸有金属嵌件的塑料手柄、手轮等。这类零件根据需要选择相应的视图表达，在剖视图中，剖面线应根据不同的材料，画不同的剖面符号以示区分，如图 9-14 所示的旋钮。

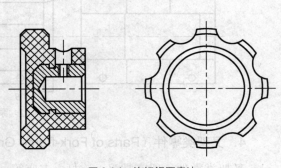

图 9-14　旋钮视图表达

2．冲压类零件（Part of Punch-Shaped）

这类零件多由金属薄板冲裁、落料、弯折成型或由型材弯折连接而成，机电设备中的面板、底板、型材框架、支架等零件常用此法形成。

冲压件的壁厚通常很薄，它上面的孔一般都是通孔。因此，对这些孔只要在反映其实形的视图上表示，其他视图中画出轴线即可，不必用剖视或用虚线表示。

如图 9-15 所示为电容卡子零件图，其形状较复杂，经冲压弯曲成型，为了加工制作的需要，往往在零件图上还附有冲压零件的展开图。

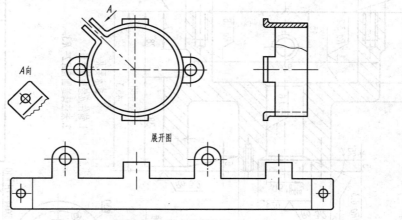

图 9-15　电容卡子零件图

展开图可以是局部要素的展开或整体零件的展开，在展开图形的上方必须标注"展开"字样。

9.4　零件图的尺寸标注（Dimensioning Parts in Detail Drawings）

尺寸是零件图的一个重要组成部分，也是制造和检验零件的一项主要依据，除了第 6 章所讲的尺寸标注要正确、完整、清晰外，还要求标注得尽量合理，使所注尺寸既能满足零件在设计上的要求，又能满足在加工检验方面的工艺要求，保证零件的使用性能。本节简单介绍合理标注尺寸的一些基本知识。

9.4.1　尺寸基准选择（Choosing Dimension Datum）

基准是指零件在设计、制造和测量时，用以确定其位置的几何元素（点、线、面）。

由于用途不同，基准可分为设计基准和工艺基准。

（1）设计基准：设计时，用以保证零件功能及其在机器中的工作位置所选择的基准。

（2）工艺基准：零件在加工过程中，用于装夹定位、测量而选择的基准。

能够合理地选择尺寸基准，才能合理地标注尺寸，由于每个零件都有长、宽、高尺寸，因而每个方向至少有一个主要基准，但根据设计、加工、测量的要求，一般还需要一些辅助基准，为了减少误差，保证设计要求，应尽可能使设计基准和工艺基准重合。

图 9-16 所示为泵体，其底面是安装基面，选它作为高度方向尺寸的设计基准，注出中心高 $50^{+0.1}_{0}$，同时底面又是加工 $\phi60^{+0.03}_{0}$、$\phi15^{+0.018}_{0}$ 等孔的工艺基准面，因此底面作为高度方向的主要基准满足了工艺基准与设计基准重合的要求，泵体的左、右对称平面为长度方向的主要基准，宽度方向的主要基准选择泵体与泵盖相结合的前端面为基准。

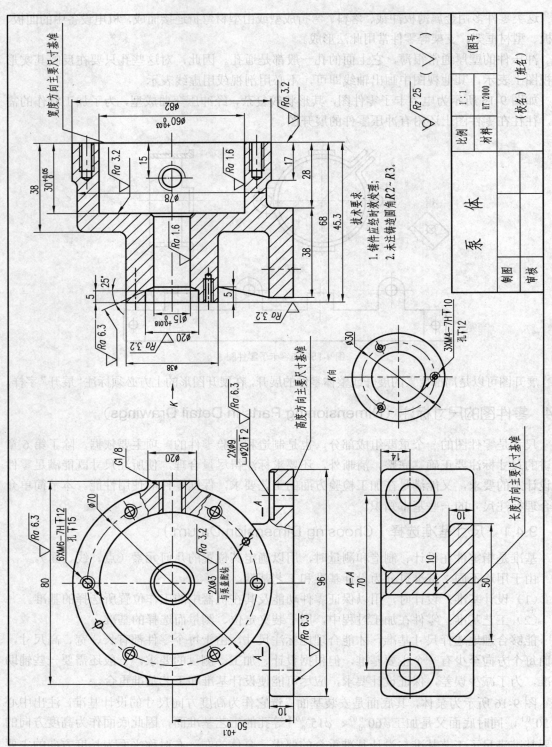

图 9-16 尺寸基准分析

9.4.2 合理标注尺寸应注意的一些问题(Some Notable Points In Reasonable Dimensioning)

要合理地标注尺寸，应注意以下几个问题。

（1）主要尺寸应直接标注。例如配合尺寸、定位尺寸、保证零件工作精度和性能的尺寸等。如图 9-16 所示的中心高尺寸 $50^{+0.1}_{0}$、安装孔的定位尺寸 70 必须直接标注出。

（2）要考虑加工和测量的方便。在满足零件设计要求的前提下，标注尺寸要尽量符合零件的加工顺序，并便于测量，如图 9-1 所示尺寸 $\phi28$ 及孔深 5。

（3）一定不要注成封闭尺寸链。如图 9-17（a）所示的阶梯轴，总长为 A，3 段的长度尺寸分别为 B、C、D，构成了一个封闭的尺寸链，每个尺寸是尺寸链中的一环，这样标注尺寸，在加工时往往难以保证设计要求，因此在实际标注尺寸时，在尺寸链中都选一个不重要的尺寸不注，称它为开口环，使加工误差累计在这个开口环上，从而保证其他各段已注尺寸的精度，如图 9-17（b）所示。

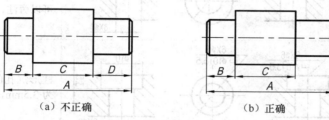

（a）不正确 （b）正确

图 9-17 封闭环不注尺寸

9.4.3 零件上常见典型结构的尺寸注法(Dimensioning Typical Structure of Parts)

零件上常见典型结构的尺寸注法如表 9-1 所示。

表 9-1 零件上常见典型结构的尺寸注法

零件结构类型		标 注 方 法		说 明
	通孔	3XM6-6H ⊕ 3XM6-6H ⊕ 3XM6-6H		3×M6 表示直径为 6、均匀分布的 3 个螺孔；可以旁注，也可以直接注出
螺孔	不通孔	3XM6-6H▼10 3XM6-6H▼10 3XM6-6H		螺孔深度可与螺孔直径连注，也可分开注出
		3XM6-6H▼10 孔深12 3XM6-6H▼10 孔深12 3XM6-6H		需要注出孔深时，应明确标注孔深尺寸

零件结构类型		标 注 方 法			说 明
光孔	一般孔	4X∅5▽12	4X∅5▽12	4X∅5　12	4×∅5 表示直径为 5、均匀分布的 4 个光孔；孔深可与孔径连注，也可以分开注出
	锥销孔	锥销孔∅5 配作		锥销孔∅5 配作	∅5 为与锥销孔相配的圆锥销小头直径，锥销孔通常是相邻两零件装在一起时加工的
沉孔	锥形沉孔	6X∅7 ⌵∅13X90°	6X∅7 ⌵∅13X90°	90° ∅13 6X∅7	6×∅7 表示直径为 7、均匀分布的 6 个光孔；锥形部分尺寸可以旁注，也可直接注出
	柱形沉孔	6X∅6 ⌴∅10▽3.5	6X∅6 ⌴∅10▽3.5	∅10 3.5 6X∅6	柱形沉孔的直径为∅10，深度为 3.5mm，均需标注

9.5　零件图上的技术要求（Technical Requirements in Detail Drawings）

零件图上的技术要求包括表面结构、极限与配合、几何公差、热处理、其他有关制造要求等内容。

9.5.1　表面结构（Surface Texture）

表面结构指零件宏观和微观几何特性，包括表面粗糙度、表面波纹度，表面缺陷，表面几何形状。

零件表面几何特性大多数是由粗糙度、波纹度、表面几何形状综合影响产生的结果，如图 9-18 所示，但由于 3 种特性对零件功能影响各不相同，所以分别测出它们是很有用的。

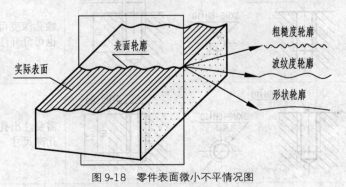

图 9-18　零件表面微小不平情况图

（1）表面粗糙度主要是由所采用的加工方法形成的，如在切削过程中，工件加工表面上的刀具痕迹以及切削撕裂时的材料塑性变形等。

（2）表面波纹度是由于机床或工件的绕曲、震动、颤抖和形成加工材料应变以及其他一些外部影响等形成的。

（3）表面几何形状一般由机器或工件的挠曲或导轨误差引起的。

表面结构对零件的配合、耐磨性、抗腐蚀性、密封性和外观都有影响，应根据机器的性能要求，恰当地选择表面结构参数及数值。

1. 表面结构的参数（Surface Texture Parameters）

国家标准 GB/T 3505-2000、GB/T 131—2006 等规定了零件表面结构的表示法，涉及表面结构的轮廓参数是粗糙度参数（R 轮廓）、波纹度参数（W 轮廓）和原始轮廓参数（P 轮廓）。

此处主要介绍评定粗糙度轮廓（R 轮廓）的主要参数。

（1）表面粗糙度。零件加工时，由于零件和刀具间的运动和摩擦、机床的振动以及零件的塑性变形等各种原因，其加工表面在放大镜或显微镜下观察存在着许多微观高低不平的峰和谷，如图 9-19 所示。这种微观不平的程度称为表面粗糙度。

国家标准中规定了评定表面粗糙度的各种参数，其中使用最多的是两种参数，即轮廓算术平均偏差 Ra 和轮廓的最大高度 Rz，其值越小，表面越平整光滑，加工成本越高，因此在选择表面粗糙度时，既要满足零件功能要求，又要考虑工件的经济性，在满足零件功能要求的前提下，尽量选择数字大的粗糙度。

轮廓算术平均偏差 Ra 是在取样长度 1 内，轮廓偏距绝对值的算术平均值，如图 9-20 所示，可表示为

$$Ra = \frac{1}{l} \int_0^l |y(x)| \, \mathrm{d}x$$

轮廓偏距

图 9-19　零件表面微小不平情况图

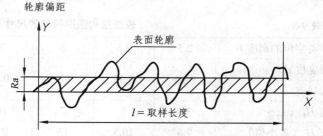

图 9-20　轮廓算术平均偏差

轮廓的最大高度 Rz 是在取样长度 1 内轮廓峰顶线和轮廓峰谷底线之间的距离。

粗糙度 Ra 为 0.025～6.3μm，Rz 为 0.1～25μm 时，推荐优先选用 Ra 参数。

（2）表面结构参数值的选用。表 9-2 列出了 Ra 数值及对应的加工方法及应用。

表 9-2　　　　　　　　　　　Ra 数值对应的加工方法及应用

Ra	加 工 方 法	应 用 举 例
50		不重要的接触面或不接触面，如凸台顶面、穿入螺纹紧固件的光孔表面
25	粗车、粗铣、粗刨及钻孔等	
12.5		

续表

Ra	加 工 方 法	应 用 举 例
6.3 3.2 1.6	精车、精铣、精刨及铰钻等	较重要的接触面、转动和滑动速度不高的配合面和接触面，如轴套、齿轮端面、键及键槽工作面
0.8 0.4 0.2	精铰、磨削及抛光等	要求较高的接触面、转动和滑动速度较高的配合面和接触面，如齿轮工作面、导轨表面、主轴轴颈表面及销孔表面
0.1 0.05 0.025 0.012 0.008	研磨、超级精密加工等	要求密封性能较好的表面、转动和滑动速度极高的表面，如精密量具表面、气缸内表面、活塞环表面及精密机床的主轴轴颈表面等

2．表面结构的代号（Surface Texture Symbols）

（1）表面结构图形符号。表面结构图形符号的画法如图9-21所示，尺寸如表9-3所示。

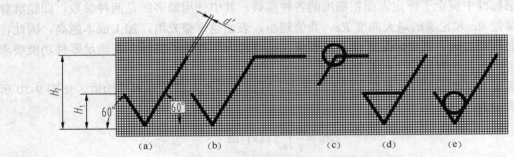

图 9-21　表面结构基本图形符号的画法

表 9-3　　　　　　　　　　　　　　　表面结构图形符号的尺寸

数字与字母的高度 *h*	2.5	3.5	5	7	10	14	20
符号宽度 *d′* 字母线宽	0.25	0.35	0.5	0.7	1	1.4	2
高度 H_1	3.5	5	7	10	14	20	28
高度 H_2（最小值）	7.5	10.5	15	21	30	42	60

表面结构图形符号的名称及含义，如表9-4所示。

表 9-4　　　　　　　　　　　　　　　表面结构图形符号的名称及含义

符　　号	名　　称	含　　义
∨	基本图形符号	未指定加工方法的表面，当通过注释时可以单独使用
∀	扩展图形符号	用去除材料的方法获得的表面，仅当其含义为"被加工表面"时可单独使用
∜		用不去除材料的方法获得的表面，也可用于保持上道工序形成的表面，不管这种状况是通过去除材料或不去除材料形成的

符　号	名　称	含　义
∨ ∨ ∨	完整图形符号	对上述 3 个符号的长边加一横线，用于对表面结构有补充要求的标注
∨ ∨ ∨		对上述 3 个符号上加一小圆，表示在图样某个视图上构成封闭轮廓的各表面有相同的表面结构要求
$\frac{c}{e\sqrt{\frac{a}{d\ b}}}$	补充要求的注写	位置 a：注写表面结构的单一要求 位置 a 和 b：注写两个或多个要求 位置 c：注写加工方法 位置 d：注写表面纹理和方向 位置 e：注写加工余量

（2）表面结构代号。表面结构代号包括图形符号、参数代号及相应的数值等其他有关规定。表面结构代号的标注示例及其含义如表 9-5 所示，详细内容参看相关标准。

表 9-5　　　　　　　　　　表面结构代号的标注示例及含义

代 号 示 例	含　义
$\sqrt{Ra0.8}$	表示去除材料，单向上限值，默认传输带，R 轮廓，评定长度为 5 个取样长度（默认 $5\times\lambda c$），"16%规则"（默认），算术平均偏差 0.8 μm，没有纹理要求
$\sqrt{Rz\,0.4}$	表示不允许去除材料，单向上限值，默认传输带，R 轮廓，评定长度为 5 个取样长度（默认 $5\times\lambda c$），"16%规则"（默认），粗糙度最大高度 0.4 μm
$\sqrt{0.008-0.8/Ra3.2}$	表示去除材料，单向上限值，传输带 0.008～0.8 mm，R 轮廓，评定长度为 3 个取样长度，"16%规则"，算术平均偏差 3.2 μm
$\sqrt{\begin{array}{l}U\,Ra\,max3.2\\L\,Ra\,0.8\end{array}}$	表示不允许去除材料，双向极限值，两极限值均使用默认传输带，R 轮廓，上限值：算术平均偏差 3.2 μm，评定长度为 5 个取样长度（默认 $5\times\lambda c$），"最大规则"；下限值：算术平均偏差 0.8 μm，评定长度为 5 个取样长度（默认 $5\times\lambda c$），"16%规则"（默认）
$\sqrt{W1}$	表示去除材料，单向上限值，传输带 $A=0.5$ mm（默认），$B=2.5$ mm（默认），波纹度图形参数，评定长度 16 mm（默认），"16%规则"（默认），波纹度图形平均深度 1 mm
$\sqrt{0.8-25/Wz3.10}$	表示去除材料，单向上限值，传输带 0.8～25 mm，W 轮廓，评定长度为 3 个取样长度，"16%规则"（默认），波纹度最大高度 10 μm
$\sqrt{0.008-/Pt\,max25}$	表示去除材料，单向上限值，无长滤波器，传输带 $\lambda s=0.008$ mm，P 轮廓，评定长度等于工件长度（默认），"最大规则"，轮廓总高 25 μm
$\sqrt{-0.3/6/AR0.09}$	表示任意加工方法，单向上限值，默认传输带 $\lambda s=0.008$ mm，$A=0.3$ mm（默认）粗糙度图形参数，评定长度为 6 mm，"16%规则"，粗糙度图形平均间距 0.09 mm

3. 表面结构代号在图样上的标注（Indication of Surface Texture Symbols on Drawings）

要求一个表面一般只标注一次，并尽可能注在相应的尺寸及其公差的同一视图上。除非另有说明，所标注的表面结构要求是对完工零件表面的要求。标注示例如表 9-6 所示。

表 9-6   表面结构要求标注示例

序　号	标 注 规 则	标 注 示 例
1	表面结构的注写和读取方向与尺寸的注写和读取方向一致	
2	表面结构要求可标注在轮廓线上，其符号应从材料外指向并接触材料表面	
3	可用带箭头或黑点的指引线引出标注	
4	在不致引起误解时，表面结构要求可以标注在给定的尺寸线上	
5	表面结构要求可以直接标注在延长线上	
6	圆柱和棱柱的表面结构要求只标注一次，当每个棱柱表面有不同要求时，应分别单独标注	